開企,

是一個開頭，它可以是一句美好的引言、
未完待續的逗點、享受美好後滿足的句點，
新鮮的體驗、大膽的冒險、嶄新的方向，
是一趟有你共同參與的奇妙旅程。

我在企業大老身邊學會的生存攻略

Strategy Guide for Surviving in the Career Field

吳建興——著

職場這條路，咬著牙也要奮發向上爬

卓越超秦，圓融俱足，難行能行，感恩傳承

人生旅途上，我們需要擁有使命感，並且設定目標，持續精進的學習、努力。每年我都會給予超秦企業、揚秦國際的「柱子們」（企業同仁）16 字年度箴言，它是集團每位柱子處事的燈塔，像是聚光燈一樣引導我們前進。

同樣的，我們人生中也在寫自己的劇本，透過自己的專業和經驗的智慧傳承，珍惜與善用，凡事徹底與用心的執行。也許，有時我們會遇上瓶頸、困難，不妨在設定的自我追尋目標中，審視並且堅持不懈，重要的是時時刻刻懷抱感恩、沉澱自我的心靈。

這本書以策略性追尋價值，透過許多寫實小故事了解不同職場、社會文化的結構層面，考驗著危機來臨時，是否擁有高度智慧與信念克服。不論在職場或創業，面對每段緣分的修練也許未必都如期待，但我們能夠永遠保持正向態度為善。

● 你無法改變別人想法，但能擴大自我的意志，帶來成長與蛻變

2016 年 9 月，我和企業主管赴日本名古屋參與廁所清掃研修，因而認識建興。這位年輕小夥子時常能具體回覆不同產業與趨勢，正如書中提到對於自我高度要求與苛刻，持續精進不懈的大量學習、閱覽，一步步踏實累積，過程不美麗卻是一次次能夠成長的契機。

百善孝為先，或許正是這股希望改變、孝心的力量，支撐建興「一眠大一吋」動力，也看見一位未滿 30 歲的年輕人如此爆發性的衝勁，只為了能讓父母親免於操心。

● 締造自我新文化，打造新價值主張

建興傳遞著「新價值主張」，圓融處事、謙卑恭仁，一如超秦集團成立三十多年來，秉持開啟新鮮雞肉產銷歷史新頁，麥味登品牌更期望能夠帶來早午餐新文化，感動自我、每一位顧客的生活新價值。讓我們一同在每段成長養分中，獲得滿載的新能量，勇於承諾自我與要求。

（超秦集團董事長）

翻轉臺灣，光榮城市！年輕人的創新，是未來的曙光與機會；改變成真，持續發生～～

臺灣必須要有一個機會重新開機，擺脫一切爭鬥的泥淖，這種意識型態的對立不斷激起，只是謀求個人或團體中的利益，並不符合國家、企業，或是個人的長期發展。

你有多久不敢夢想了？

2016 年，我以 28 小時又 36 分騎自行車挑戰「一日雙塔」，我希望在這之後，臺灣年輕人在追求夢想過程中，遇到困難重重，總會曾經想到有個阿伯，在全世界都不相信他的時候，堅持夢想，不曾妥協。

● 活在世上最困難的事情，是當你有天面對挫折打擊時，你怎麼去對人心持續充滿熱情？

當建興拿了即將出版的著作給我時，我驚訝這樣的內容竟然出自這位 28 歲年輕人的撰寫。從職場人情冷暖、創業心法、追逐價值、突破困難重圍，來到面對社會人性、遊戲規則時，展現高度視野、處事戰略，值得帶來深刻的探討和省思。

我時常給年輕人機會，如同籌辦臺北燈節時，一位年輕科長告訴我：「市長，我們要創新。」讓我嚇一跳，這是出自公務員口中說要創新。絕多數人失敗跌倒不是重新爬起，而是從那個地方逃走。

看了建興這本書，我很好奇的問：「年輕人，面對黑暗你卻充滿熱情，然後還能搞出這麼多花招。」幾乎跟我這些年持之以恆的為市民工作一樣充滿幹勁。

他回答我：「心存善念，盡力而為。」

● 勇敢的航向未知的世界

我常說：「翻轉與改變的想法，持續努力，大膽去執行，同時要評估風險。」做任何事情都有風險存在。年輕人求職、創業懷抱夢想時，你更要面對這個社會殘酷的一面，積小勝為大勝，從量變到質變，運氣加上努力，自然就趨近於成功。

現在流行「斜槓青年」一詞，但你必須先認清自己的價值、能力，並且對於社會寫實面的釐清，而不是什麼都拿來做，沒有計劃性的戰略去執行，到頭來可能空無所有，催眠自己說那是學經驗與教訓。

我以為像建興這樣充滿高昂鬥志、人情世面的年輕人應該具有不凡的家世經驗，然而他並沒有顯赫家世、背景，完全靠自己一路打拚，挫敗中學習，因此也同樣會面對困境、人性失落、社會黑暗。

當他說起出版這本書的用意，有別於分享鼓勵年輕人，幾乎是事業高度有成的專家、社會經驗豐富的人士教導你成功法則，但若認真仿效，你會發現無法像他們一樣，因為環境、時空背景、人格特質都不一樣。建興以善念不帶目的交個朋友、年輕人分享給年輕人的想法，透過價值轉換、克服，說是顛覆、瓦解，卻是每個人極度可能會遇上的失敗經驗。

● 做別人不敢做的新文化，年輕人不是草莓族

當上臺北市長後，我堅持帶來新文化思維，不論智慧科技整合（建築、交通、教育）、都更決心、市場改建、東西區門戶計劃、社區營造、財政紀律（兩年減帳 540 億）、採購透明公平化……開放政府，全民參與，面對問題，解決問題。

我每次講「人生三願」的故事：登玉山、腳踏車環島、大甲媽祖遶境。我從 20 歲開始想，人總是替自己找一個理由，其實不用再想了，就是 Right Now。

建興這樣具備狼性思維、謙虛有禮，兼具執行實戰與事業經營的年輕人，更難得的是有顆善念的本心初衷，相信如果是年輕人讀完這本書，會產生很大震撼；具有社會歷練的人也應該會產生不同省思。

最後，我也想勉勵每個年輕人："Chance favors the prepared mind." 機會是留給準備好的人。年輕人，為自己和社會共同加油，讓改變持續發生！

柯文哲

（臺北市市長）

以愛為出發點，永保善念的初心

● 真誠相待，有念則花開

生命遇上的每件事情都存在它的意義，每個人對於社會、職場的價值觀不同，變動環境中，也很難有一個具體公式；然而，支撐我這三十餘年來的事業經營信念，正是用「真誠」、「熱忱」的心境，儘管面臨困境、挫折，也得始終堅持自己的抱負、目標前進。

我始終相信以愛為出發點，善念的初心永遠保持，總是能夠帶來自我正面心境，同時能感染周遭，而不至於迷失自我。有時，我們會在夢想追求過程中，抓不到方向、目標，或者人云亦云而產生猶疑，甚至抱怨、失去人與人間的溫度。

因此，成立重仁塾後，我想盡一己之力，幫助年輕人發掘未來夢想，懷抱對生命熱情，找尋對的初衷、自我修練，並散播幸福的力量。假使我們轉換另一種心，真誠看待，勢必能不斷成長與調和，帶來心中的安定。

● 凡事徹底，謙卑學習與奉獻

每一項的的成就都來自於踏實積累，大處著眼，小處著手，用心看待每個過程，從細節裡深刻感受，就如同我過去在零售流通事業的 DNA 裡，又或是享受旅行中的細細觀察，往往能找到初衷、自我感動。

建興即將畢業時，寫了封信給我，描述他研究了半年的企劃案。我請祕書找了這位年輕人來談談，稚氣生澀的模樣，卻是充滿對於自我想法的實踐。我不斷給予建興嘗試各種不同歷練，包含讓他嘗試接任美化協會，透過清掃服務精神，學習感恩與奉獻。

那天，我請建興來到我辦公室，告訴他這項決議，這位年輕人淡淡說出：「我可以把六十歲想做的事情，提前嘗試應該也無妨。」面對生疏的新任務，不斷從一知半解、失誤中積極求取，依然保持熱忱的心，也難怪他從中蛻變了許多，令人驚豔。

徐重仁

（重仁塾塾長、筑誠創研董事長）

致新鮮人：我在職場打落牙齒和血呑的日子

市場上，絕大多數的商用攻略、心靈勵志書分享的都是絕佳的戰果與成功經驗；不然賣的就是作者高學歷的背景，或獨特的超強心法。但很抱歉，我沒有優於他人的學歷，更沒有超級厲害的成功捷徑。我最與眾不同的是，我一出社會就有幸能跟在許多大老身邊學習與開眼界，因此，看見的人事物比起一般職場菜鳥可能更多也更深入，相對的，失足以及踩雷的經驗也更豐富！

成功豈能一步登天；更無法輕易複製模仿。但若是能在這拚死拚活的職場裡，因為我這過來人曾經歷過的失敗經驗，讓你這新鮮人能減少一些碰撞、少受點傷；能躲過槍林彈雨、少走更多的冤枉路，那麼不就能讓你的職場路走得更順遂，也能離成功更近？這也是當初我寫這本書的初衷。

因為年輕，更因為初出茅蘆，反而讓我意外看見職場真實的人性面。職場真的不是你花了時間就可以熬出頭；更不是一分耕耘就能有一分收穫（但你不努力絕對不會有成就），有時甚至一個不小心，就可能一蹶不振，全盤皆輸。今日，感謝緣分讓我與你相遇，希望以下我這幾年在職場上看盡的人情冷暖與一路拚搏的血汗結晶，能助你的職場發展少點腥風血雨。

一、若只按慣性做法和規矩來做，最後勢必走向平庸

不論在職場或是正在進行的微型創業，我一向不是乖乖牌。拿我人生的第一份工作來說，當時我耗費了半年時間，特意只鎖定一家龍頭產業寫了一份 BPR（企業流程再造；Business Process Reengineering）企劃案，若是石沉大海，不僅意味半年的心力付之一炬，也表示求職之路要重頭再來。所幸，兩個禮拜後，總裁請我直接到他的辦公室面試，然後就一拍定案。想想若當時我和所有的人一樣打安全牌，照著傳統規矩來做，或許我現在還只是一名普通的上班族，仍在職海裡浮浮沉沉。

我沒有背景，只憑一股發燙的熱忱，很快的就讓公司高層都認識了我；不意外地，我也遭遇了公司菁英同儕的刻意排擠。但我並未像大多數人一樣想反擊或隨時算計與人為敵，這些只是讓我更專注在自己的目標裡認真努力，並低調再低調，方能熬出如今的一線生機。

二、職場沒有所謂的懷才不遇；更沒有感人的雪中送炭

在職場的這些年，我很幸運的跟著一些長輩們學習，除了在總裁身邊做事之外，我同時還要在公司內部工會以及外部的商業聯誼會來往奔波。巔峰時期，曾同時肩負五個跨產業的事業體。一路上，看多了檯面下的黑手運作、背了不少黑鍋、被倒了一些帳、在大人畫大餅下做了許多的白工……無論多艱辛，也千萬別期待有人會主動伸出援手。

曾有人問我，被誆過這麼多次，為什麼仍像拚命三郎似的，熱情絲毫不減？

我想是因為，我終究在等待一個人世間最真誠的互動與交心。雖然不斷經歷了人性醜陋的一面，卻也因此讓我更能跳脫框架，換位思考，激發出更多的潛力。切記，在職場上所有的抱怨都是枉然；感嘆時局或是抱怨懷才不遇也都是笑話，唯有勝者為王！

三、競合關係的職場，一定要永保精進和謙卑之心

職場是現實的！任何的競合關係、明爭暗鬥，後臺、利益是決定一切的籌碼！能和你名字畫上等號的要嘛是實力，不然就是你得要有 Money，否則一半以上的人都不會甩你。諷刺的是，一旦你功成名就，這些人就又會自然出現攀附著你，你想甩都甩不掉。這時千萬不能驕傲，因為諺語說得好：「囂張沒有落魄的久。」你反而得展現磅薄氣度，要像「愈飽滿的稻穗愈低頭」般的謙和，不斷再精進，才不擔心有掉下來的一天。

四、當一切盡了最大努力，就無須太在意得失

《金剛經》裡有句話：「應無所住而生其心。」不要執著於任何事物，我執反而會讓人陷入困境，不如用菩提般的慈悲與智慧之心，在世故中修練並不忘初衷，一切只要盡了力，能無愧於心，利害得失就雲淡風輕吧！

目錄

第一章　透析職場血淚史

第二章　職場亦江湖的領悟

第三章　強大自我的戰略

第一章　透析職場血淚史

初來乍到，到底是該大鳴大放，還是韜光養晦？
任務該一馬當先，還是守在安全線上？
面對這些職場人際，菜鳥如你該如何應對，才不會陷入職場危機？

◆ 那些年，我在總裁身旁見學

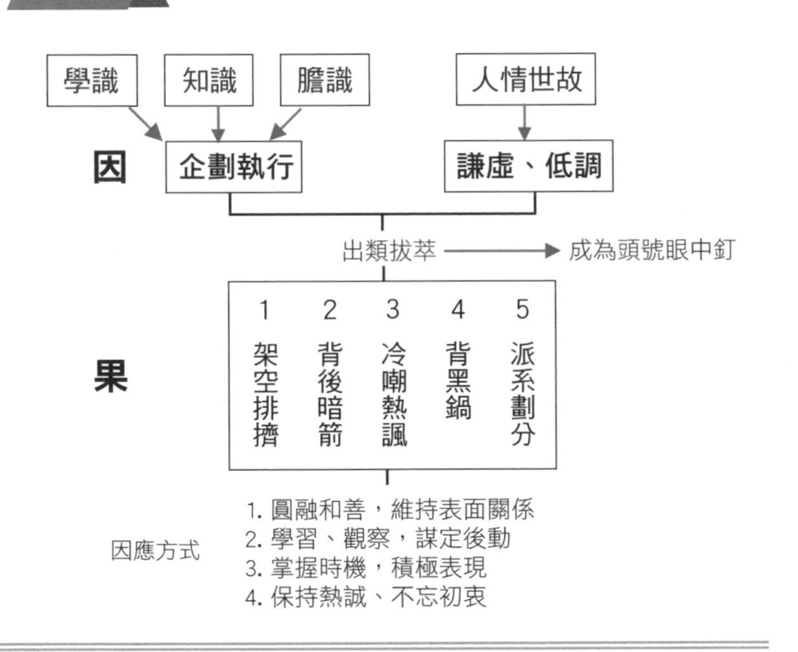

離畢業只剩二十三天的日子，我寄出了人生中唯一的一份履歷，順利地得到了一份位階不錯的工作；我靠的不是運氣，是因為我做了和別人不一樣的事。

機運也需要有學問與膽識的堆積

畢業前夕，同學們都將履歷如雪片般的投灑出去，「錢多、事少、離家近」是大多數人找工作的基本條件，殊不知，人事單位每一年要收到多少這樣的求職信，每一封可能都只花短短不到一分鐘的時間瀏覽，然後就棄之一旁。

為免我的履歷也如同這般地石沉大海，我決定反其道而行。

於是，早在畢業的半年前，我看遍零售、流通書群，鎖定了特定的單一家企業，只要商業類刊、報章雜誌出現與零售相關，或是該公司的資訊，我一定特別留意、認真閱讀並做相關研究。在這半年裡，我海量的收整、分析資料，隨後，撰寫了一份企劃書——流通二次革命，企業流程再造（Business Project Reengineering），然後，連同個人履歷、親筆信函投寄給該公司，署名總裁收。

當時，攤開這家公司的組織圖，我明知該行銷部門沒有「品牌行銷（Brand Marketing）」這個職位，卻依然堅持應徵這個不存在的位子，為什麼呢？因為我認為，既有的職位，早已經一個蘿蔔一個坑，雖然長江後浪推前浪，新血要不斷輪番上，但有別於這種輪迴式的發展，也許可以讓人生多些驚奇。

就在離畢業僅剩二十三天之際，我投出了人生中唯一的一份履歷以及求職企劃案，果然這份「用心」讓我被受到關注，脫穎而出，順利地找到了人生中的第一份工作，不但進入大企業裡任職，還能有幸地跟在老闆身邊學習。

＊＊＊

許多人在聽完我的求職過程後都覺不可思議，認為我的行徑相當大膽也新穎，但在這些背後支撐的卻是我不懈地努力以及旺盛的企圖心。事實也證明，**「努力」它是不會背棄你的，若是都跟周遭人一樣走相同的路，你就很難被看見。**

但，順利進入職場後，不代表就此一帆風順！尤其，進入一個陌生的大企業，就如同進入一座桃花源一樣，真是極大的挑戰與考驗，所幸總裁一路的指教與教誨，讓我在職場的第一站，就能有許多的收穫與充滿開闊的眼界。

從感恩與珍惜出發

「你一定要記得，不管什麼事，都要保持 Passion and Honest（熱情和誠實）。」總裁在辦公室將這兩個字交給我。

我知道，當一個人的鋒芒太露，將會造成別人的威脅。所以，我們行事要更低調；但需持續燃燒熱情。

感謝總裁願意給予我這初生之犢有許多謙卑學習以及輪調的機會。還記得當時總裁賦予我一個任務：那是一個他一手成立、從日本引進來的社會公益協會，專門推廣環境的清潔與美化，屬服務性的社團。

其美化的重點，不是在於企業內部 5S（整理、整頓、清潔、清掃、教養）精實管理，也不是表面的環境清潔，而是從心靈層面開始的掃除內心，淨化自我。

當然，這也不是單純的掃掃廁所、沖沖水；而是透過有條理規範的 SOP，井然有序的先排列好每個使用工具，再懷抱一種奉獻、感恩之心，藉由清掃過程中，除了掃除具體的汙垢，更重要是心上的塵埃。

＊＊＊

「我把你調去協會好嗎？也負責我外部的一些事務。」臺中餐敘後，總裁把我叫進他的辦公室，跟我說明他的想法，「你排斥嗎？」

畢竟真的是要捲起袖子清洗廁所、馬桶；同時得徒手不能戴手套。這工作真的是需要用無比的熱忱與激情來支撐的。

「我願意！」我毫不猶豫地接下了總裁指派的任務。

還記得在調任前一個禮拜，公司裡的不論高階主管或同事們，每一個人見到我都問：「這樣好嗎？你想清楚沒有？掃廁所耶！」

「雖然也掃過廁所，但那跟你不一樣，你這是把掃廁所當本業耶！」韓經理冒著一頭汗，露出一臉比我還著急的神情，「想清楚啊！這是你的原先的規劃嗎？」

正式接任單位那天，我清晨一大早就到河濱公園，看著遠方的圓山飯店，一山一河，徐徐微風吹拂，心境有些起伏。

然而，如同眼前景色，人生也正要開展不同風景，只要以正面的心態看待，想著每一段風景一定都有其令人驚豔的景緻，其實並沒什麼好畏懼的，反而能有更多的期待，不是嗎？

用熱情把眾人捲進來

雖然總裁已經從公司退休了，但至今我仍深深感念那一段在總裁身邊的日子。

人生何其有幸能夠有這趟見習的學涯，不論是為人處世、企劃經營、清掃廁所提煉心性……同時，我也學到與人、與社會之間的依存之道，不一定非得劍拔弩張、批評謾罵，反而是回歸單純、樸實的初心，用熱忱、奉獻、慈悲去對待、去珍惜所有的人、事、物，才是最重要的！

尤其，從中也感受到，要做一位謙卑的領導人，真是高難度的挑戰！畢竟，統御萬軍、日理萬機，要讓所有的部屬能和你的目標、想法一致，著實不容易；更遑論還要兼管許多大小不同事業體，能容人所不能容，實非常人能及啊！。

「在體制裡，若遇到單純是為了『先入為主』的觀念而反對，該如何化解？」有一天，我向總裁請益。

「當我們無法改變別人的想法時，可以試著努力溝通，並以身作則，相信只要秉持善念，有朝一日一定能改變周遭異己的。」總裁心有戚戚焉的繼續說著，「你看，像我這四十年來，不也是經歷過一些風風雨雨嗎？所以，你應該要思考，為什麼別人會有這樣的動機？追本溯源，想方法引導。」總裁說完，便起身拿起用廢紙再製的隨身記事本，將其中要領書寫下來送給我。

總裁的這一席話，一直影響我至今！

不論我現身處在哪個環境裡，即使各方人馬因利而鯨吞、掠奪，我都會想總裁說過的「兼容並蓄」，心存善念，不被混沌戰場擾亂情緒，相信有朝一日，必能招來更多正面的能量，最終得益的定是自己。

為青教戰攻略：

1. 萬中選一，不是奢望別人獨具慧眼，而是你該有見識、學識、膽識，與眾不同。
2. 萬事從心出發！進入職場叢林，先學會謙卑、惜福，因為蹲得愈低，跳得才愈高，成功從彎腰做起。

◆ 沒有非你不可

完勝心法

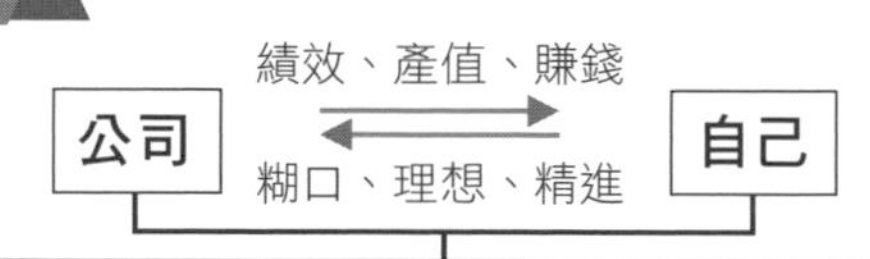

盲點　　突破點

- 公司是大家的，共同努力
  → 鬼話連篇，你只是過客。
- 你的績效，老闆都看得到
  → 看到是一回事，獎勵是一回事，説説而已。
- 放心！公司對你有責任
  → 老闆先養你，還是先養他自己？
- 企業講團隊分工
  → 除了效率，更怕養虎為患，你整碗拿去。
- 你可以和公司一起成長
  → 把公司搞大了，想負責不是你説了算。

結論　當下負責努力、無愧於心；
隨時做好準備，跳槽、創業，建立多條退路。

這世界上不論「沒了誰」，第二天太陽都依然會從東方升起。同樣地，對一個企業組織來說，除了老闆，無論少了誰，公司都能照樣運轉。所以，別以為自己對公司很重要，想太多了，沒有「非你不可」這件事。

拚死拚活，你終究是一位過客

有一次，我問了身邊一些職場老鳥的工作心得……

「在公司都七年了，薪資、福利也不錯，應該就這樣做到退休了吧！畢竟中年轉職不是這麼容易。」K 有點感嘆。

「雖然我做這麼久了，但公司組織分層很細，即使我不在，最多就是一段時間公司看不到銷售數據，很快就會有人接手了，影響不大，所以我從來都不敢拿翹！」一位年資超過二十年的公司主管認命地說。

「其實，我覺得公司對我們員工真的很擺爛！賺錢時我們分得也沒有比較多；但一不景氣，馬上就縮減我們的福利，好像隨便我們要不要做似的。要不是看在薪水還 OK、同事也都熟悉了，而且做生不如做熟，我早就 bye bye 了。」在公司九年的 May 趁機出一口怨氣。

當時，聽了這些職場人的心聲，我頗有感觸：這些在職場這麼久的人，外人看他們感覺在其工作崗位上都扮演著舉足輕重的位置，結果說到底，對於公司來說，他們都只是其中一個小小的環節，即使產生了鬆動，影響都很細微。那麼，我們對於公司而言，到底是個什麼樣的存在？若只是個可有可無的角色，我，需要那麼拚命嗎？還是求個心安理得就好？剛踏入職場的我，那時充滿了許多疑惑。

隨著在職場的時間久了，我終於能夠體會這些前輩的心情。不論在哪一個團隊裡，講究的是「分工」；不論你處於哪一個位階，終究只是其中的一顆螺絲釘。即使為了某些原因，你憤而丟下一句：「老子不幹了！」第二天組織依舊能正常運轉，你的工作也即刻由他人取代，即使可能一開始會如新機般運轉不那麼順暢或需經歷一段適應期，但時間久了，這些問題總能被解決的。

這也證明了，**公司的分工，其目的不僅僅是因為效率，更多的是為做好風險分配與管控**；而且，無論你多麼拚命、任勞任怨，對公司來說，你就是個過客。你付出了，公司也同樣回報你了，兩不相欠。

人在江湖走，真功夫要有

想知道你在公司未來的發展，不如先看看那些老臣的境遇，引以為鑑吧！

通常老臣不見得沒有捲鋪蓋走人的想法。偶爾也會聽許多高階主管在茶餘飯後，感嘆著要走卻走不了的辛酸。一來是因為一把年紀了，轉職大不易；二來是因為家有老小……這似乎是許多年資長久、專業經理人的悲哀。特別是當你身處在沒有上市櫃制約的公司裡，更要有高度的危機意識。

我曾經看過一家上市櫃的科技企業，在三年裡，專業經理人不斷異動，一些當時一起開疆闢土、立下汗馬功勞的高階主管們都被計劃性的冷凍，或是發派邊疆，劇情宛若宮鬥戲，時間到了、年紀有了，就被發派至深宮後院去。

所以，認清吧！公司不是非你不可。

一個重要的專案現在交付給你，可能是因為你真的合適勝任；但也不代表別人做不來，非得是你。除非，你是唯一那個有能力的人，任何人也無法取代你的人。

唯有「能力」才能讓你擁有選擇權！不論是老子不爽時，或被公司拋棄時，能力是唯一可以讓你頭也不回，走得踏實的定心丸。所以與其邊做邊埋怨公司對不起你，或是擔心哪一天公司不要你了，不如在現有的環境裡，除了認真負責的做好該做的事情之外，並海量的學習與自我精進，想好退路，到了真要說再見的那一天，一點都不必惶恐或憂心。

＊＊＊

許多的老闆都是在離職後創業的。

當身處在一個沒有保障並隨時都可能瓦解的環境下，為了求生存，你不得不時時要有危機感，並且做好退路的準備，即使你做的只是一個專業裡的小小分工，也要能對這專業的環節有更多的了解，或不斷收集相關情資做全盤的學習。

不論是在經營管理、組織架構、關鍵技術、產品優化等各方面，若了解更多就能學到更多，未來不論是在公司裡的發展或自行創業，都能讓自身擁有更多的優勢，什麼都不怕！

為青教戰攻略：

1. **比起說得一嘴好功夫，不如練就一身真功夫，創造自身的不可取代性。**
2. **不要把所有的事都攬在身上，若公司非你不可，那你以後就非死不可。**

◆ 職場人際雲淡風輕

完勝心法

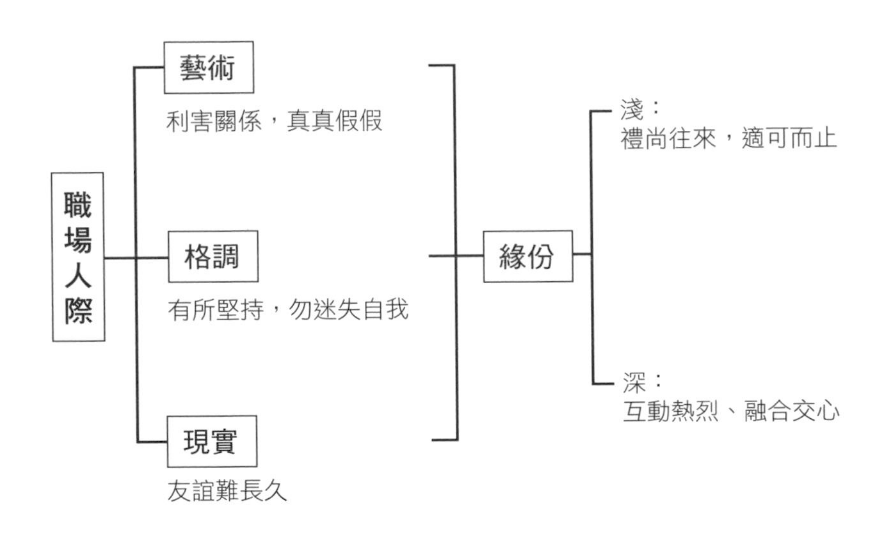

「好人緣」雖是現代人需具備的，但在同一競爭職場裡的同事，真能避免勾心鬥角、你爭我奪的因素，而成為無話不談的朋友嗎？界線又該如何拿捏，才不會公私不分，真心換絕情？

小心職場偽君子

「原來，我們同部門的音音、一哥，他們私底下竟都跟主管說我辦事不力、難溝通。但明明當時每個人都毫無意見全數通過⋯⋯」Ken 坐在我對面，難過的跟我訴苦，「而且他們還四處說我的壞話，根本是造謠，虧我對他們那麼好，動不動就請喝下午茶、吃點心。」

「你為什麼要感到委屈？」我一邊說一邊大口吃著手裡捧著的意麵，深怕湯很快就被意麵吸乾了，走味了。

「我當然覺得悶啊！我那麼真心對他們，把他們當朋友，沒有得到相對的回報就算了，他們竟還在背後不斷扯我後腿，要是你能忍得下這口氣嗎？」Ken 憤憤不平地將被出賣與被背叛的不平衡，一股腦的一次宣洩。

「這很正常啊！像你這樣會做事、會做人，又深得主管喜歡的人，對他們來說，當然是一大威脅啊！他們不在背後踩你，難道你還期待他們捧著你，幫你錦上添花嗎？『當朋友』，嘖，只有你自己傻傻的這樣想啦！同事怎麼可能當朋友！」我吃完最後一口意麵後，直白的對 Ken 揭開真相。即使他再難接受，但這卻是不爭的事實。

真心換絕情的事，在職場上屢見不鮮，尤其是對初入職場的小白兔來說，更容易受傷也難釋懷。但畢竟大家在職場主要不是來交朋友的，是為了來工作賺錢的；能加薪升遷更是每一個人的期望，所以就要比別人有更多的好表現。面對競爭，任何一個優於自己的人就都是威脅，能跟你維持表面和諧，或是不害你、不踩著你就不錯了，怎麼可能與你掏心掏肺、真心交陪？只要看透這箇中道理，就不會那麼玻璃心了。

當然，也不能完全以偏蓋全，說職場上絕對交不到朋友！不是的，而是該怎麼留心選對人，不要被偽君子所騙。**嚴長壽先生曾說過一句話：「和誰在一起真的很重要！」在職場是同樣的道理。**有一份調查報告就指出，你身邊交往密切的六位朋友的收入平均值，就是你個人的收入指標。光是基於這一點，要和什麼樣的人往來互動，是不是還真得先從圈子裡好好分類，尤其時間寶貴啊！

別和自己過不去

不可否認的，現實勢利的人相當多，尤其在職場上互動的人，某種程度上都有利害關係，可能一夕就變天……如同我的朋友 Ken，遇到被他自以為是的好同事在背後捅他一刀的狀況。當然，我們不需以同樣的小人作為，採取「以牙還牙，加倍奉還」的報復心態，但卻要由這些現實來惕警自己。**職場就是一場生存遊戲，有時會做人比會做事更重要**，一定要讓自己在這樣的遊戲規則下，心靈健康又強壯。即使遇到自私自利的偽君子，除了保護自己之外，也不能太自私或重利忘義，畢竟人若只靠自己是不可能會成功的，還必需要靠很多周邊的人事物。所以，多留心身邊同事的性格，也多替別人想一想，同時保持自己在工作上的認真學習、找到自己的成就感，很多問題還是可以解決的，也能幫助你釋懷並克服在人際關係上面遇到的挫折。

職場就是一個小型的生態環境，在這生態裡充滿了正面和負面的能量。若你遇到小人，也採取同樣的方法報復應對，那麼你就只能一直被困在負面情緒裡和他們沉淪在一起。唯有用更積極正面的心態在工作中找到自我成就，將這些負面情緒昇華超越，才能擺脱一切干擾，畢竟大家的眼睛都是雪亮的，你的努力一定會被看見的。

另外，在職場，還是要以工作為前提，友情部分請放寬心、看淡些，不用太刻意，請時時提醒自己：你是來工作，不是來交朋友的，別為難自己。有緣分的就深交一點；緣分淺的就以愉快合作為前提，有些人真的不用太過在意。

為青教戰攻略：

1. **想要收入越來越高，就要不斷的進入越來越優秀的朋友圈裡，所以，別為職場小人費神傷心。**
2. **學習從職場上的人際互動中昇華，保護自己之餘也不忘別人利益，才能培養超越的人格，也必能得到更多的助益。**

◆ 低調、低調再低調

完勝心法

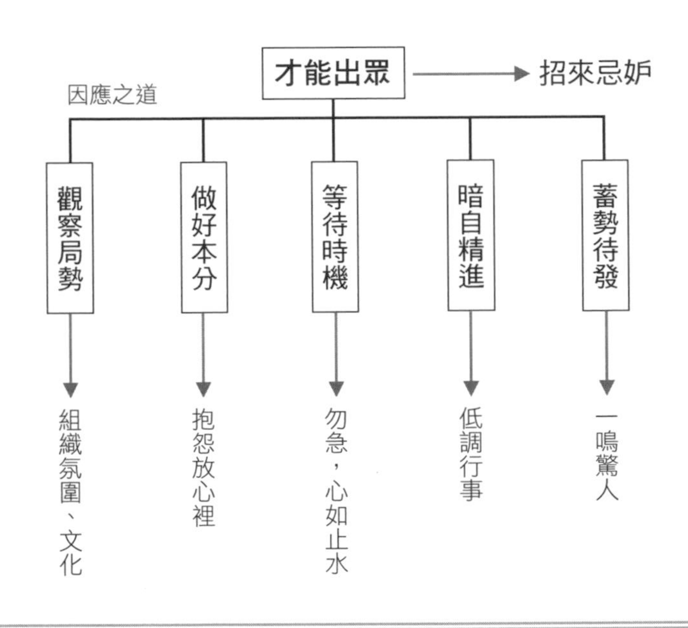

龍蛇混雜的職場生態裡，只有錦上添花，沒有雪中送炭！廣結善緣才能逢凶化吉。

當紅炸子雞，更要學會如何趨吉避凶

J從英國攻讀碩士回國，隨即進入一間頗具規模的半導體企業工作。她待人謙和，處事總是多一份耐心，樂觀積極，對於主管交辦的事務，不僅提前完成，更能舉出獨到見解，績效好的超出預期。

雖然在短短時間裡，J在工作上已能勝任且遊刃有餘，但為了保持競爭力，J下了班以及假日仍不斷充電進修，並持續的考相關證照，甚至親自到客戶端門市、競爭對象，進行商圈查調。

很快的，J的能力被最高主管相中，三級跳的將她延攬在身邊作為企劃祕書，不論大小會議、專案整合、投資項目等都讓J積極參與，並給予許多磨練的機會。

但這些種種看在公司的中低階主管或同儕眼裡，自然不是滋味。想想他們一路是花了多少時間的攀升才能進入核心；而這一介新人，乳臭未乾，位子都還未坐熱，卻能在短短的時間裡一步登天，怎麼可能讓這些老臣心服口服呢！於是冷嘲熱諷開始在辦公室裡彌漫……

「唉唷！J是執行長的愛將，當然說什麼都好啊！」「我只是小小主管，怎麼敢作主，你還是問問J吧！」……這些酸言冷語聽在J的耳朵裡，總是讓J如芒刺在背。雖然表面上大家都感覺一團和氣，但暗地裡卻是波濤洶湧、暗自較勁，這情況讓J相當的無奈與掙扎，難道認真做事、表現出色錯了嗎？

有一句話說「人怕出名豬怕肥」，當你一朝成為公司的大紅人時，很快地就會招致嫉妒；從人性角度來看，是無可避免的。

也許你納悶：「上班這檔事」，到底是來做事？還是來算計的？明明自己只是想做好分內的事，為什麼仍沒來由的背地遭冷箭或被排擠？這就是應了古人說的：「不招人嫉是庸才。」

在職場上出色的人，確實是很容易被他人眼紅的，尤其職場競爭激烈，因為你強大的能力深具威脅，所以，即使你覺得自己已經戰戰兢兢的像飽滿的稻穗那樣，把腰彎得更低、不勾心鬥角、克守職場分際、待人隨和低調，但仍有許多的敵人會出現在身邊，這些都是正常的。

只是千萬別忘記，**「不會避人嫉是蠢材」，在職場雖然有些敵人無可避免，但也要學會減低他人的嫉妒心。**不管你的能力有多強，要懂得廣結善緣、培養人脈，人愈紅，愈要留心自己的言行舉止，才能讓自己在深陷險境時，有人能助你一臂之力。

高調做事、低調做人

職場、商場、人生修練場，皆是冷酷現實的戰場，今天安然度過，但誰也不能保證明天會不會被突如其來的風暴給擊垮，所以，時時都要提醒自己低調低調再低調。

當然，這些背後的酸民們，仍會不斷在背放暗箭或插刀，因為他們早已被滿心的嫉妒給矇閉了雙眼，表面似是不斷地給你讚、激推、助勢，但無不在靜待一片掌聲過後，看你哪一天如落水狗般地重重摔下，再肆意踐踏。但即使如此，你仍需放低身段，甚至要更柔軟！或許，你會覺得很不公平，但世界上本就沒有所謂絕對的公平，所以無需怨天尤人，也無需搥胸頓足與抱怨，就當是一種自我修行吧！

記得有一年的跨年，我去了農禪寺唸經，果東方丈特別和大家分享了一段新年話：「別人造成的負面情緒，感覺它來，然後感覺將它丟掉。」

這句話在我第一次接觸禪修時，也曾聽別的法師這麼說過，那時我在心裡想著：「這句話也太玄了！無形的東西怎麼丟？丟去哪？要分類嗎？」

後來，深究這些話背後的道理我才理解，原來不是真要你把情緒拿來丟，而是**當你感受到外界的紛紛擾擾時，更要保持一顆平靜的心，隨它來去，不受其影響，更別因此而困住了自己；**相反的，你更應該如飽滿的稻穗般，在向上爬的過程中，虛懷若谷的努力往前走，等待時機一到，順勢而為，一定能勢如破竹，讓眾人折服的。

為青教戰攻略：

1. 不招人嫉是庸才；不會避人嫉是蠢材。
   廣結善緣，才不怕暗箭傷害。
2. 再有能力，職場上也絕對不能硬碰硬，
   放低身段，才能趨吉避凶、逢凶化吉。

◆ 派系裡的變節風雲

完勝心法

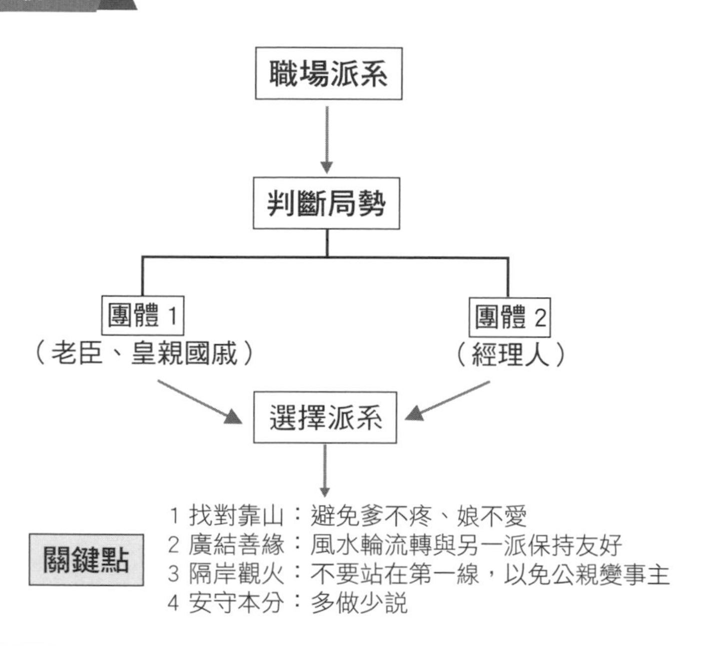

見人說人話，見鬼說鬼話，職場裡真真假假、假假真真，難以分辨！所以，即使再熟悉、再信任的人，也千萬不要掏心掏肺或咄咄逼人、不留餘地，人情留一線，日後好相見。

職場裡，沒有獨善其身這回事

「剛換工作，一切好嗎？」一進餐廳坐下來，就急著問好友莎莎。

「還不錯，很快就和大家打成一片了；同事們都很好，說話都很投契呢……」年後剛轉職到一家知名物流企業的莎莎開心地跟我分享她到新公司的心情。

我這個好朋友莎莎是傻大姐的性格，活潑大方健談，做人也沒什麼心機，一向抱持著「世界真美好」的心態與人來往，連陌生人她也都能一見如故，與之相談甚歡，所以一向不用擔心她的人緣問題。

「公司有派系嗎？」我八卦好奇地問她。

「那是當然的啊！只是我初來乍到的，也只能靜觀其變。」

「也是，這不像妳之前的小公司，人少也單純。妳可要看準瞄頭了，不然選錯邊就麻煩了。」

「可不可以哪邊都不靠，保持中立態度啊？」莎莎好奇問著。

「妳想誰都不得罪，對吧？很難呀！而且，可能會因此讓其他人覺得妳是牆頭草，反而讓自己身陷絕境呢！不然，就會變成爹不疼、娘不愛的孤兒了，更不好！」我語重心長的提醒著。

的確，幾乎在所有的公司裡，都會分門別派，自然的在裡面的人也會擇良木而棲。

而要融入一個團體，投其所好是必需，更是必然。於是就形成一個個有志一同或臭味相投的小團體，然後幾個小圈圈再各自凝聚成為不同的大團體，最後就形成了不同的派系。

至於，如何站對邊呢？

當進入一個新的環境，想了解公司文化，在一旁用心看並仔細觀察是最直接的方式。尤其，每個職場在檯面下還都有各自的潛規則，若想找靠山，不花點時間以及心思搞清楚，很容易就投錯陣營或下錯判斷，有可能就永世不得翻身了。

另外，要建立起關係讓別人接受你，還得要花上一段長時間的磨合，才能順利打進去。慢慢地也才會有未來一起午餐、團購、下午茶或分享業務情報，還能相互取暖、看似彼此信任的同伴；但在此同時，也要有可能因此遭其他團體或派系劃清界線的心理準備，畢竟是你自己先做出了選擇。

在同一個公司裡，不論是哪一個團體、派系，大部分都是非友即敵，除非你決定孤身走我路，誰也不投靠；但除非自己夠強大，任何風吹雨打雷擊都不怕，不然可能會面臨前面說的，淪為牆頭草，兩邊倒，反遭所有人撻伐。

其實，在職場上選擇和自己志同道合的人一起沒什麼不好，先不論團體勢力大小，至少在工作上有人彼此照應，也是好事一樁的。

選邊站也要站遠一點，別站在第一線

我另一個朋友 Joe，因為與老闆有長期配合的良好默契，屬於老闆的重量級幕僚核心，並在專案執行上有超高效率，可説戰功彪炳。因此當他老闆被獵人頭公司找上，並挖腳到臺資企業的海外公司當董事長時，也順帶把 Joe 一起帶過去了。

原以為有董事長這個後臺，即使到了新環境，Joe 的發展依然能順風順水。但「空降部隊」對公司而言，除了希望能夠借重他們過往輝煌的實戰經驗，帶領公司成功轉型或展現新氣象之外；也希望藉此刺激並燃起舊派人馬的戰鬥力，能為公司帶來更多的革新與助益。

但大部分舊有組織的成員，卻對空降部隊多半是持著厭惡、防範與抗拒的心態。一來，空降者就如同是絆腳石，卡了一個職位，擋住原有人馬的升遷之路；二來，對於已習慣安逸環境的老臣來説，一動不如一靜，要他們重新適應新的人事及面對新的競爭與挑戰，排斥之心也在所難免。

以 Joe 的公司為例，從 A 公司跳槽過去的高層和子弟兵，順理成章一躍為 B 公司的高階、中階主管，從進公司那一刻起，他就能明顯感受到私下兩大派系陣營劍拔弩張、水火不容的局面，雖然在董事會面前一派和諧，其實彼此都在等著看對方的好戲。而 Joe 說，當中最辛苦的，就是這些在派系裡一心只想好好做事的他們，因為還沒開始對外打仗，就被迫在內部選邊站了。

＊＊＊

選邊站，也要記得，別站在第一線！

為什麼這麼說呢？公司內鬥如同清劇宮鬥戲，不是你死就是我活，得寵的一方也不知能得勢多久？或許很快地就又中箭落馬，處於劣勢。就這樣反覆地在得勢、失勢間輪替，完全符合達爾文進化論：「物競天擇，適者生存。」此一時，彼一時，何時你那一方人馬會處於什麼樣的局勢，完全無法預知。

但若是你總站在最前線、最顯眼之處，那麼一旦失勢，你便完全無翻身的餘地；所以在陣營裡，千萬不要身先士卒，能夠站在後面一些，甚至隔岸觀火最好，如此一來，即使你方失勢，只要你仍有用武之地，雖不一定能得到庇蔭，也不致於永不得超生。

沒有一個人想當牆頭草，但面對態勢不明確的未來，確實會有「人在屋簷下，不得不低頭」的無奈。為了生存，為了自保，「變節」是最無奈也最不得已的選擇呀！

為青教戰攻略：

1. 風水輪流轉，千萬不要站在派系的第一線，明哲保身、全身而退，才最有智慧。
2. 職場生存之道：少說多做、耳聽目明；眼光要準確、視野要放遠。

◆ 靠年資不如掌握實力

完勝心法

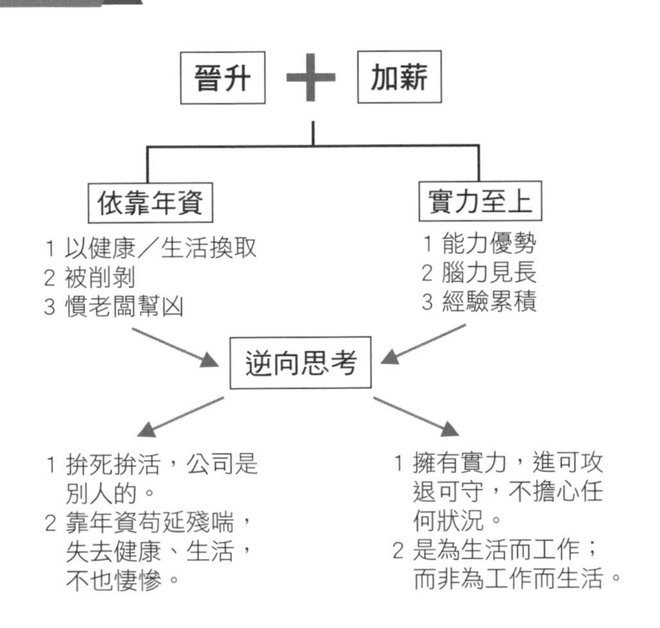

就算企業是你的，也不用賣身、賣命、賣尊嚴；更何況企業根本不是你的，何苦來哉。

別想和時間賽跑

「我等等要去臺大醫院看一位主管，前陣子他因為過勞，腦中風，現在半身不遂躺在醫院。聽說他有一家老小要養，太太又沒上班，看這未來日子他要怎麼過呀！」同事 Wennie 準備下班時，心酸地說給我聽。

「Jack，我現人在北京，等等要去趟珠海。我是要告訴你，我的好友 David，就是上回我跟你介紹認識的那個企業經理人，他診斷出癌症第三期，我真的難以置信！ David 那麼拚命工作，不菸不酒，又正值壯年⋯⋯醫生說可能是工作壓力造成的⋯⋯」好友 Ken 敲了我的微信，發了這則訊息。

每回，當我聽聞或是遇見身邊的圈子裡，有誰因為工作壓力或過勞而生重病的消息時，心情總是特別鬱悶，也特別感觸，為了工作，這樣的拚搏到底值不值得？

時時，當夜幕低垂，我看著公司仍一片燈火通明，不論主管、下屬，即使已過下班時間許久，卻沒有一個人的屁股有離開椅子的意思，好似在比誰撐得久！事情真的多到做不完嗎？還是只是因為主管沒走，自己不好意思先走，慣性加班？我心裡有許多的問號。

後來在職場待久了，終於知道，除了事情真的總是做不完的人，而習慣性加班之外（這也該檢討到底是工作分配不均？

還是自身能力問題？），有部分的人，就是靠這慣性加班，讓老闆覺得你為公司鞠躬盡瘁，即使沒有功勞也有苦勞，想靠此加薪或升遷，慢慢地往上爬，就是一個「做愈久領越多」的概念。

累積年資往上爬並沒有不好，前提必需是，你待的企業不論是升遷制度或考核都十分明確；同時，公司也能照遊戲規則走，否則，也有可能你半生戎馬，最後只是夢一場，而你卻賠進了生活品質、親情與健康。

所以說到底，**想要在這瞬息萬變、競爭激烈的職場環境裡，不斷地升職加薪**，絕對不是消極的用時間去拚，或只想用年資改變條件，**一定要主動出擊，培養自身「能力」才最有利。**藉由能力被認同、被激賞，一路往上，才是職場千古不變的求生法則。

做多少事就該拿多少錢

朋友 Amanda 跟我分享她的第一份工作離職的原因。她說，當時毅然決然由人人羨慕的法商公司離職，主要是因為雖美其名為外商，但升遷制度卻不明確，法國外派來臺的 CEO 仍舊聽信本土派的勢力，制度只是擺著好看，人治多過於法治。

「我一向尊重別人，但有時看著靠資歷升上來的主管，總是一副拿多少錢做多少事的樣子，自己不用腦就罷了，又沒擔當，還時常推卸責任，就只會一股勁地拍老外馬屁，看了就來火，卻又無能為力！這些都是因為公司組織風氣敗壞，養這樣的人，不如養一頭豬好……」美式作風的 Amanda，批判起來嘴上毫不留情，卻是一針見血，「這就是俗稱的豬隊友，只是經過時間堆疊上來之後，就變成豬隊長了。在這樣的部門裡工作，怎麼可能有長進？二話不說，抓準機會，我就頭也不回的走人了。」

事實證明，Amanda 進了新公司後，能力反而更能發揮，表現優異！三個月試用期一過，不僅薪資三級跳，更是受到公司重用。這就是前面說的，靠年資，不如靠實力，做多少事就該拿多少錢！

＊＊＊

根據調查：一個人一生轉職大約 2.6 次，也就是大部分的人都不會一輩子待在同一家公司。那麼，轉職通常是為了什麼原因？

與主管、同事相處不歡，還是遭遇不公平對待、排擠？

薪資凍漲，還是公司嚴重剝削？

在公司有志難伸，或不適應？

公司因故破產，或是結束解散？

無論為什麼，一定是原職場已讓你看不見未來，再努力也不會有任何發展，才會萌生去意。

那麼轉職後，後悔的人又有多少呢？根據數據顯示，平均有 43% 的人在轉職後感到後悔；公司課級以上的主管，後悔指數更高達 75%。原因是，許多人在離職之後，兩相比較才發現，原來以前的公司一點也不差啊！但，卻再也回不去了。

這時，若是你有「能力」這個盾牌，即使是後悔了，或面臨中年失業，甚至遇上最壞的狀況，也不至於那麼慌張、擔驚受怕，因為你有能力，只要機會來臨，隨時都能再上戰場。

總之，在現實的職場環境裡，不論你的靠山有多硬，或是年資有多久，都不如「實力傍身」來得可靠有利。只要能夠看透這一點，你的未來就不必再拿尊嚴、健康、甚至性命去拚搏了。

為青教戰攻略：

1. **平庸的人，拿多少錢做多少事；有能力的人，做多少事就該拿多少錢。**
2. **職場腥風血雨，再也沒有「沒有功勞，也有苦勞」這件事。與其想用年資改變條件，不如增加「實力」才是當務之急。**

◆ 別被主管綁架時間

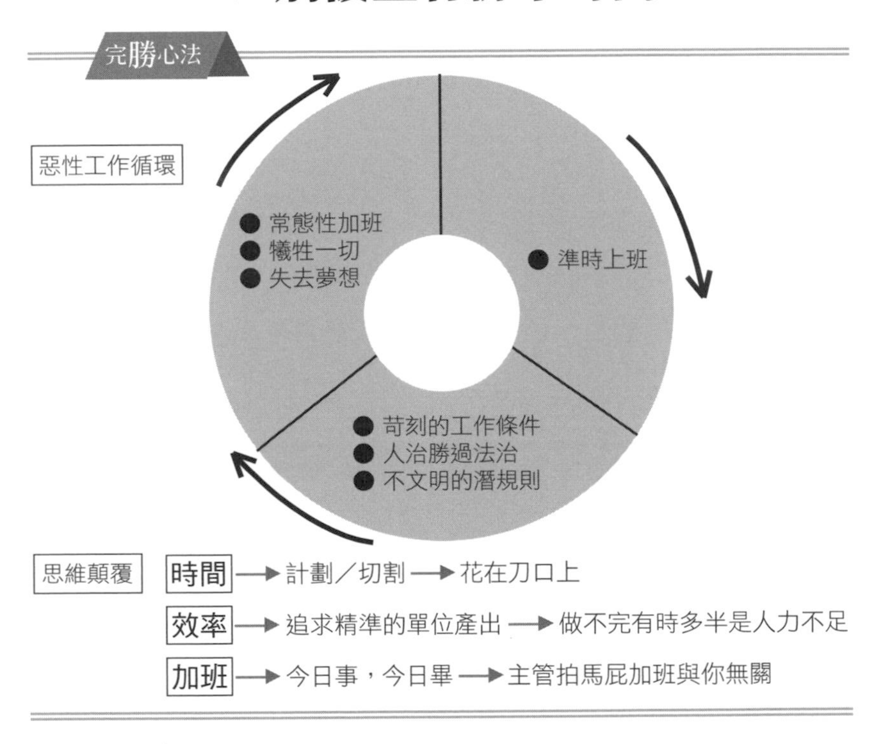

初入職場，總是對未來懷抱著憧憬，存有許多遠大夢想；但日子久了，迫於現實的無奈，竟漸漸淪為一隻沒日沒夜、被人操縱，甚至沒有想法的魁儡戲偶。

下班一條龍，才能上班一直衝

「喂，還好你們部門的人大都單身，要不然最後肯定都分手或離婚收場！」我故意虧好友 Coco，「哪有一個部門沒有一天是準時下班，天天要加班的啦！你們到底是有多忙？」

「沒辦法啊！主管沒有走，我們哪敢走啊！若比他早下班，一定會被他碎唸，績效就慘了。」Coco 無奈搖搖頭。

「所以，這就是一個共犯結構。你們都在助長這種恐龍主管的存在。」我開玩笑地說。

的確啊！一個良善的企業發展，不會只要大家都埋頭苦幹，像是機器人一樣的，不分時間不停地做做做，這樣很容易導致失去工作熱情與目標；而是應該要兼顧工作、生活與情感。

「唉呀！別鬧了，誰叫我們寄人籬下，只能看人臉色過日子呀！這就是奴性。」

「那萬一哪天妳真的有『非準時下班不可』的理由呢？」

「到時再說吧！現在只能走一步算一步了。」

「好吧！那妳就繼續努力啦！」我拍拍 Coco，為她打打氣。

工作永遠沒有做完的一天，與其可惜地將青春和生命全部耗在辦公室或工作裡，不如在全心全意工作之後，把剩餘的時間用來進修、充實自己，或是偶爾來點娛樂輕鬆一下；甚至放空耍廢也可以。至少在充電、放鬆過後，才能再度帶著滿滿的正面能量回到職場，不僅有益身心，對工作也有更大的助益。

加班三「不」曲

一不：主管每天加班是他的選擇，不必一起向下沉淪。

明明是下班時間，主管沒走，下屬不敢走，或是不讓下屬下班……這不是忠誠，而是一種病態，也是一種奴性。這些都和主管的原生職涯歷程有關。

我曾看過一個真實的共犯無腦案例：當時，某公司研發部門底下設立了三個教育中心，其中一個教育中心的主管、員工每日都超時工作，注意：是「每日」哦！他們總是在研發部門的大頭——部長，前腳走後不久，緊接著教育中心的主管也立即收拾好公事包，跟著離開辦公室，然後下面的同仁們也才紛紛下班，日覆一日。

很明顯這單位主管是為了等待他上面的部長下班，哪怕根本沒事做，也得故作認真。因為他認為：三個教育中心存在著其他兩位競爭者，一旦哪天有了升遷機會，或許這部長見他每天都這麼晚下班，或多或少也會多些印象分數吧！

通常待在這樣的環境中，只會逐漸被同化，並一起向下沉淪，這是很可怕的！你要想，主管薪資領得比你多，他願意這樣虛度歲月，你沒理由也陪著瞎混，誤了青春好時光。

二不：不要在效率每況愈下的時段裡繼續工作

根據研究及實際執行結果，我們的工作效率，在一天之中是呈現逐漸下降的狀態。

最有效率的工作狀態，是在一定的時間內，全心全力的把工作完成。時間拖得愈晚，只會拖來拖去拖成愁；愈早完成，愈有機會在期限內做更多的檢視，結果也才會更如預期地滿意。

三不：超出負荷的要求，不隨主管踐踏自己

當已經呈現天天加班的狀態，除非你上班摸魚，或是動作特別慢……若是沒有以上狀態，明明已經竭盡全力，但仍然每天做不完的朋友們，千萬不要總是任勞任怨一味的將工作全攬在身上，然後再自己回家捶牆壁、叫苦連天！一定要適時地提起勇氣，與主管理智、感性地溝通，好好解決問題，讓主管能了解你在工作時的時間管理與運用，徹底解決問題。

總之，別被主管綁架了！什麼「合理的要求是訓練；不合理的要求是磨練」，又不是在當兵！只要工作時盡忠職守，不負公司要求，其他一切操之在己。

為青教戰攻略：

不想上班一條蟲，那麼請在下班時要像一條龍一樣的活躍。不論進修、放鬆都可以，只要不影響第二天的精氣神，讓自己能夠重新充滿正能量，才能繼續向前衝。

第二章　職場亦江湖的領悟

「好好幹！公司不會虧待你的。」
「跟著我，有錢一起賺！」……
面對這些大餅，你該深信不疑，不顧一切的跟隨？
涉世未深的你，該具備自我判斷能力。

◆ 一顆老鼠屎，壞了一鍋粥

完勝心法

虛偽的真實面

常見騙局		目的
利他 不計名利，真心回饋 培養新血輪上位	→	1. 自我清高形象塑造 2. 名與利的布局
↓		
矇話術 1. 打拚哪有不吃苦的 2. 年輕就是本錢， 多做都是經驗	→	1. 以最少成本換取人才 2. 號召一批批年輕白老 鼠進場
↓		
結果論 幹話連篇， 白日夢一場	→	1. 肥水不落外人田， 利益全進個人口袋 2. 二代拱上位， 你只能靠邊站

許多眾星拱月、活在聚光燈下的大人物，總是在現實生活與虛偽世界裡跨界生存，外面的人誰也看不見真相，只有當你愈接近他們的核心，或成為和他們一樣的圈內人時，「真實」才可能赤裸裸的呈現。

利他，還是利己？

Van 是企業高階主管，除了在公司掌控聲勢之外，在外的氣勢喊水會結凍。不可諱言，他經營的科技發明確實在某個層面帶來不少正面的影響；也在聲名大噪之下，有愈來愈多的人懷著不同的目的接近 Van，不論是想取經的、談合作的、假公益真謀利的……還是純交朋友的。

Van 有許多轉投資事業，包含國際貿易、醫療儀器開發、模具開發等，全交由他的兩名女兒管理，他自己則受聘為某上市櫃 R 集團的總經理顧問。也許因為集團內部有大筆資源，Van 私下巧妙的將許多資源混入自家產業，檯面下行事也不那麼光明磊落。

Van 公器私用的行徑，看在公司的祕書群眼裡，也只能睜一隻眼閉一隻眼，儘管不認同，但也不想明著跟飯碗過不去，總之一切老闆說了算。

善惡總是在一念之間！當我們面對道德上的考驗與實際結果的驗證後，你得回歸初心：「這與你當初預期結果距離多遠？」如果差上一大截，應該當機立斷做決定，而非等待結果自然浮現。

有時，我也在想，也許是因為前幾年剛出社會之故，所以過於急功近利，才會三不五十就遇上滿口仁義道德，但檯面下卻不怎麼美麗的人。儘管如此，你依然得正向地看待人與事；也得慶幸吃虧就是占便宜，也是一種警惕。

是偉人？是神棍？

偉人和神棍有時只是一線之隔！

人生如戲，Van 的欺騙行為被公司揭穿之後，聲勢一落千丈。他大起大落讓人不勝唏噓，但不可否認，Van 自身的專業與經驗，確實也讓許多人受惠或是實際得到幫助，不論動機是否純正。可惜的是，卻因一個「貪」以及價值觀的偏差，讓他一夕由一個偉人變神棍。

隔了許久，有一天，再和 Van 的機要祕書 S 談到這件事，我們有了一個結論：不論一個人如何被世人歌功頌德，或聲名多麼的如日中天，但若私底下胡作非為、表裡不一，遲早也是會有報應的。

S 慶幸她在與 Van 新加坡出差登機前的那一刻，她在心裡告訴自己，回來後一定得辭職，**有能力就不必一直躲在別人豐厚有力的羽翼下。**果不其然，S 離職後的職場路更加寬廣，而 Van 的事業體卻一蹶不振，每況愈下。

＊＊＊

在職場上，你可能，或曾經面臨在道德的十字路口上掙扎？

D在公司是李經理的下屬，在工作上，D理當要對李經理言聽計從，但D和李經理的相處，實則相反。例如：D常常在不高興時，當眾對李經理大小聲；或是經常能自由進出李經理的辦公室……又或者，使喚李經理公出回來時，繞去買D指定的食物……更怪的是，李經理總是唯命是從。看在外人眼裡，常有「到底誰是主管」的錯覺。

明明兩個人的年紀差了近二十歲，李經理又是D的主管，這樣的反差確實讓人看了傻眼，似乎李經理是個傀儡，而D是個地下主管。我想若你是李經理，成天讓一個二三十歲的小夥子喊來喊去的，心裡一定不是滋味吧？更何況還是個主管職的人！

有一回，我故意藉機問問李經理，到底怎麼一回事？只見他輕描淡寫的回我一句：「萬事以和為貴，只要能好好完成正事，我吃點虧也無所謂；而且，我是君子，不與小人一般見識，是吧！」

聽他這麼說，我也只能在心裡搖頭苦笑。

的確，環境瞬息萬變，你無法決定每個瞬間都盡如人意；也無法試著去改變別人或一些既定的事。你能做的只有選擇，你可以為了爭取自己權益而大開殺戒；也可以為了顧全大局，而委屈求全。

只是當站在道德的十字路口上，做什麼樣的選擇，完全取決於個人的修養與品德呀！

為青教戰攻略：

1. 利他未必成，別被事情的表向矇蔽了眼睛和耳朵。
2. 君子愛財，取之有道，莫為貪一時之利，毀掉半生的努力。

◆ 誰說年輕人要犧牲

完勝心法

觀察 ➡ 試驗期 ➡ 停損

判斷	努力	辭謝
・有無畫大餅？ ・報酬有無持續性？ ・邀約人的品德、評價 ・訂立執行／檢視／停損期限	・全力以赴 ・成為專業經理人 ・審視邀約人的心態以及提供之支援	・承諾兌現 ・確實有持續性地收入 ・藍圖以及大餅執行中，上述情況若都未能如實，請即時快刀斬亂麻。

「年輕」是年輕人最大的本錢；也是最大的包袱！

「年輕」一旦被套在薪資結構上，低薪就是常態，讓年輕人餓不死，但也養不起任何人。

年輕要多努力，但別一股傻勁的白費力

因為不景氣，職場薪資結構令人洩氣，年輕人創業的比例愈來愈高了。

假設今天你加盟了一間早餐店，仲介商幫你找了一個地段，附近不僅有大型的國宅社區，對面又剛好是一所國中，還緊鄰通往工業區的重要幹道，競爭對手也少……這樣的地點，以商業效益上來看，十分不錯。

但就在生意做得順風順水之際，突然有一天，政府公告你店面的地段有潛在土壤液化的風險……於是，附近居民人心惶惶，紛紛急著搬離、遷出，漸漸來客數愈來愈少，以致食材太多報廢，已連續虧損近半年。眼看預備金也將見底……那麼，你會做出什麼決定？

A：聽信仲介商或連鎖店的建議：「再拗一下，很快會有轉機的。」

B：明智的即刻歇業止血，減少損失。

選擇 A，你可能就落入仲介的陷阱裡了。因為再拗，是要拗多久？賠錢的是你，賺錢的依舊是仲介以及和你簽約、賣食材給你的總公司。繼續拗個看不到的未來，你等於是在幫人抬轎，不止血本無歸，還賠上了你的時間以及青春。

若是你選擇 B，那要恭喜你，沒有好傻好天真，懂得當機立斷，斷尾求生、止血養傷，不會被無良的廠商蠱禍利用。

大部分的人都容易「見獵心喜」，所以當商人或職場前輩端出別人一個個成功的案例時，難免心動，而就輕易的盲目行動。尤其，是急於成功的年輕人，在缺少經驗以及急功近利的心態下，很容易就誤信讒言，莫名的堅持。「別人都能成功，我一定會遵循他們說的，趁年輕多努力、多吃點苦，即使拚得沒日沒夜的，總有一天會成功，會被看見的。」但很抱歉，現實更多的情況是：你不止是連一點點好處都沾不上，還可能連帶的賠了夫人又折兵吶！

職場上最不堪的，不是你在他面前多努力，他卻當沒看見；而是他知道你傻傻的很好哄騙。跟你冠冕堂皇說了一堆勉勵之後，你就能不計任何報酬，每一次都拚死拚活為他人作嫁，而他也只是走到你身邊，拍拍你的肩膀說：「年輕人很不錯哦！」

然後呢？

我身旁確實也有一群商場老將習慣吃年輕人豆腐，一旦發覺年輕人是可用之才就開始洗腦，講得口沫橫飛，說著：「只要努力、肯做肯拚肯付出，公司絕不會虧待你的……」偶一為之的白工還可以，但長期無怨無悔的白幹，換來的往往是，公司薪資凍漲，或升官的永遠不是你……真心換絕情，累死的是年輕的你，努力了半天，最後只是落個幫人抬轎的苦力。

年輕人的犧牲要能長智慧

那些習慣海嘯或哄騙年輕人作為廉價勞工的少數老狐狸，因為看準了年輕人渴望成功，並對事業有高度的企圖心及熱誠，所以也樂得畫藍圖，給大餅。

先說說這些人做了這些事之後的結果：這些極度少數的老鼠屎，大多晚節不保，一旦技倆被看穿，除了遭有仁義道德的企業家唾棄之外，同時也被熱血青年給海放遠離。可悲啊！

當然，也要奉勸年輕人，一定要相信**從來沒有一步登天這回事。一點一滴的實力與經驗的累積才是最穩當，也才能歷久不衰的。**愈想要一夕成功，然後成天相信那些沒營養的教條，或是一直模仿拷貝成功人士的範例，你只是在浪費青春，同時也更容易落入別人的陷阱裡。

年輕，可以犧牲、不計較，但要長智慧。

也許是因為我在初入職場的時候，有三次被資深的商場前輩海嘯的慘痛經驗，三次都以做白工，並血本無歸收尾。後來養成在每一新年度的開始，我一定會準備一本全新的記事本，裡面會以日、月、年來劃分，只要一有新的投資計劃，或是新的投入事項，我一定會做好時程進度表，並設定「完成時間」以及「停損點」，避免重蹈覆轍。

切記：他人從來不會因為你的自我犧牲，就給你成功；成功永遠是自己努力得來的。

為青教戰攻略：

1. 別讓「年輕」成為你的包袱；要將年輕的本錢發揮最大效應，用對地方拚命，才會離成功更靠近。
2. 努力，也要設立停損點。別一股腦傻傻白費力氣，平白餵養了他人的自私自利。

◆ 合夥生意，十個裡九個騙

完勝心法

合夥背後的魔鬼細節

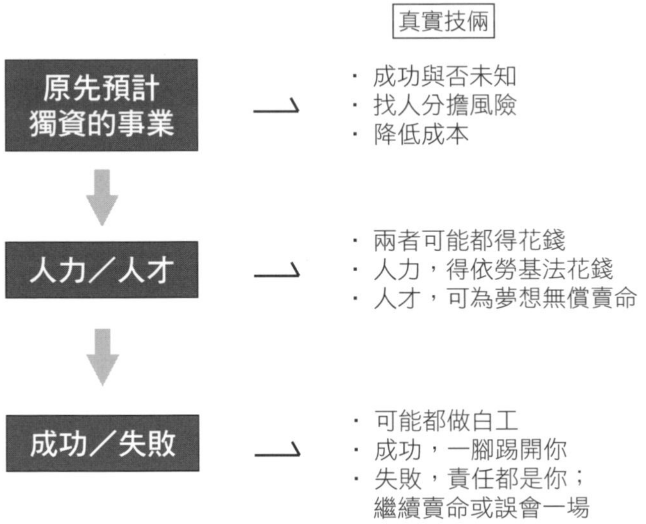

真實技倆

原先預計獨資的事業 →
- 成功與否未知
- 找人分擔風險
- 降低成本

↓

人力／人才 →
- 兩者可能都得花錢
- 人力，得依勞基法花錢
- 人才，可為夢想無償賣命

↓

成功／失敗 →
- 可能都做白工
- 成功，一腳踢開你
- 失敗，責任都是你；繼續賣命或誤會一場

好朋友一定等於好合夥人嗎？

為什麼當得了好朋友，卻不一定適合做合夥人呢？

當義與利相衝突，義氣放一邊，利字擺中間

有人說，朋友之間最好不要合夥創業！為什麼呢？因為，朋友之間，講得是「義」；合夥關係，講得是「利」。若是在合夥前的規則沒有講清楚、說明白，很容易就會為利失和，最後不僅賺不到錢，可能連朋友都做不成了。

「德仔，最近和那位Ｂ哥一起合作的生意，做得如何啊？」我關心地問。

德仔是我在商業社團認識的一位朋友，和我的年齡差不多大，是一位相當博學又積極上進的人；而Ｂ哥則是我們在商業社團裡一位令人敬重的長輩，所以，當Ｂ哥找德仔一起合夥做陶瓷器皿、鍋具開發等相關事業時，德仔毫不猶豫的就答應了。

「唉！別說了，到現在為止，我都是在做白工，一毛錢也沒賺到。」德仔喪氣地回答我。

「怎麼會這樣？不是講好一人一半的嗎？成本分擔一人一半，盈餘虧損當然也一人一半，合作前不是說得清清楚楚的。而且，都已經過十一個月了，這樣你還能撐？是要說是你單純，還是佛心來著？」我替德仔抱不平。

「不是啦！我是想Ｂ哥可能是因為太忙了，所以沒有時間來處理帳務、解決問題，也才會拖成這一屁股爛帳。」

「拜託，這種鳥藉口你也相信！B哥大我們兩輪以上耶！自己又是經驗老到的創業家，怎麼可能對財務那麼沒有敏銳度？別傻了。」

德仔當初也是因為看上了B哥在商會的人脈以及經驗，認為在B哥身邊一定可以學到更多，同時創業也更容易成功，萬萬沒想到會是這樣的結果！回想當初，B哥對德仔說的話猶言在耳……

「德仔，你很不錯哦！年輕又肯學，很棒！」B哥大大的讚賞德仔，「你欠的只是機會，不如這樣，我有個生意，要不要和我一起做？我們合夥，初期就都各占50%，我公司資源還可以借你用。放心，大哥不會虧待年輕人的……」但和如今的結果相比，真是極度諷刺呀！

當時的德仔以為遇到了伯樂，殊不知，非但是空歡喜一場，還賠了夫人又折兵，真是得不償失啊！

魔鬼藏在細節裡。無論是不是好朋友，也不管親疏遠近，**選擇合夥人的首要條件不是資金、不是人脈，更不是交情，重要的是品德**。事情不能只看表面，很多時候是臺前一齣戲，臺後要冷靜呀！

賺錢的生意，怎麼捨得和你一起分？

新聞跑馬燈跑著一則新聞：「晚間傳來一則不幸消息，知名企業疑似因為利益關係，家族親戚間發生爭執，二哥夥同友人將大哥毆打重傷昏迷⋯⋯」其實，這樣的社會新聞屢見不鮮，也常常在生活裡被我們八卦著。

想想，血濃於水的親人族人，都能為了利益、生意撕破臉，甚至動刀動槍⋯⋯那麼沒有任何血源關係的話，別人憑什麼會分你一杯羹？

雖然，人性不見得都是那麼的陰暗，但面對別人的無事獻殷勤，或是雙手把利益送上，仍得要小心再小心。畢竟，若真是穩賺不賠的生意，他自己賺都來不及了，怎還會如此大氣的與你一起共享？即使，真遇到一開始有心提攜你的前輩，也有可能會因為自身利益，而把你一腳踢開。

「十個合夥九個騙」，別人的賞識不見得是機會，有時候可能是不安好心眼的要你來分擔危險，在涉世未深之前，年輕人還是保守一點比較安全。

為青教戰攻略：

合夥對象看重的除了資金、人脈之外，更重要的是人品，小心居心不良的大野狼把你年輕的資本，吞得連骨頭都不剩。

◆ 年輕就是本錢，當然要賺到錢

完勝心法

勞資三方之各懷鬼胎

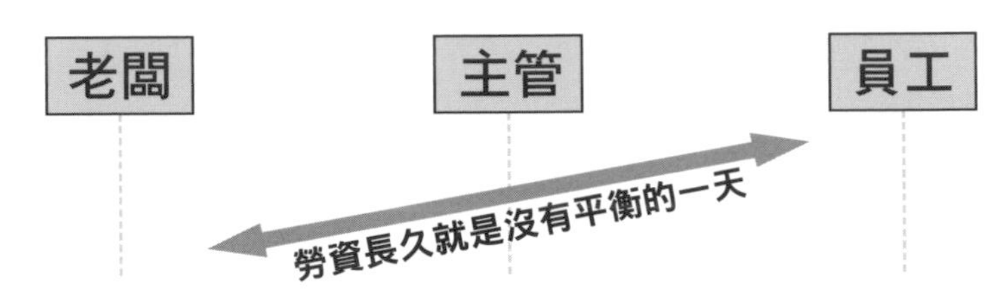

- 老闆壓榨你，是因為看得起你？
- 給你多一點，老闆口袋就少一點
- 你的努力，老闆都看在眼裡
（就只是看在眼裡……）

- 加害者／安撫者／被壓榨者
- 他的成就有一部分來自於你
- 吃得苦中苦，方為人上人，他以前也是這麼走過
（old school的思維，跟不上時代了）

- 待宰羔羊，不能太有鋒芒
- 不說、不反應，就代表默許
- 年輕是本錢，就要賺到錢
（別以為年輕人就好騙）

破格升職，千萬不要高興得太早，因為，有可能是惡夢的開始！

職場裡，吃虧倒楣的永遠是菜鳥

「趁著年輕有本錢，要多吃苦耐勞一點……」

「年輕人，現在多努力，不要太會算、太會計較，學到的就都是你的。」

初入職場時，每當老闆這麼跟我說，我都好想反問他：「若是你的孩子，你也會這樣做，這樣操他嗎？」不然就別說這些似是而非的風涼話。

我和 Android 常去淡水河堤景觀餐廳喝上一杯，那天，Android 向我大吐苦水……

他當初被一位商場老大哥延攬至公司，苦幹了一年後，不但剛開始談的分潤都沒有，還意外揭露出這位老大哥心術不正、到處借錢，也到處借技術、資源。東窗事發後，Android 當初的願景與期待全部落空，難過沮喪可想而知。

因緣際會，讓我有機會與企業老闆們見習，而這些企業大老也絕大多數都對企業同仁、社會充滿惜福感恩之心，總是腳踏實地的走好每一步路；對於後輩更是不乏給予發自內心的中肯鼓勵。至於 Android 的際遇，只能說他運氣不好，遇到了商場裡少數的老鼠屎，這些人純粹是想呼攏你，因為擔心你有「拿多少錢做多少事」的心態，若是不用點話術來包裝他實際上是希望你「要不計一切的為公司賣命效力」，那麼有誰能任勞任怨的被他壓榨，還不用公司多付出一分一毫？

再舉一個例子，也能說穿了有些主管根本沒有太多實質的能力，升遷完全是靠年資，以及一張「可以把死的說成活的」鋒利的嘴，才能口沫橫飛的說動下面這些年輕菜鳥，拚命為他效力、抬轎，讓他們坐穩位子。而他只要拍拍年輕人的肩膀，說幾句讚美，就能讓這些好傻好天真的菜鳥期待主管的賞識，得到他們的所謂的「前途」。

小雅在一家頗具規模的生物科技公司上班，她是在唸碩士期間，因為實驗作品被公司相中，直接在畢業後就被聘請到公司當儲備幹部，有計劃性的被栽培成為日後公司的管理階層。

由於那是一間大體系、制度完善的公司，所以整個訓練課程非常紮實，除了要負責自己的檢驗案件之外，還要學習經營管理，更得時時跨部門合作見習。

果然，四年後，小雅以優異的成績被總經理破格晉升。

「哇，小雅，升官了哦！恭喜恭喜，看來很快就會賺到人生的第一桶金了，該請客慶祝一下呀！」我在第一時間送上祝福。

「並沒有喔！薪資仍然和剛進來的時候一樣。」小雅並沒有太大的喜悅。

「為什麼？通常升官不也跟著加薪嗎？」

「我現在覺得公司升我的職根本就是一個幌子，位子往上升，薪水沒有加，倒是工作量馬上變多了！身邊的同事還真以為我升官加薪咧，超悶的。」

升你職，真是因為看重你？還是因為菜，所以得做更多？風光的背後，有時說穿了，也不過是一個廉價勞工的行為模式。

「不然，你就當是給自己一年時間學習，多付出的就當繳學費囉。」我安慰她換位思考，希望她心裡能舒坦些。

「是啊！反正我還年輕，公司也很有發展，就當學經驗吧！說不定啊，公司看我那麼拚，就會主動加我薪水呢！」小雅終於又充滿幹勁。

年輕，不該浪費在看不到前途的事物上

付出與薪資結構理當是相互幫襯，不應背道而馳，這樣用來檢視一個人的績效才有意義。

儘管公司受限於景氣的脈動，但薪資與承擔責任的重量仍必須一致，否則公司結構就會如同死海，反而拚不拚都一樣！漸漸地時間愈久，你會發現，只剩老鳥攤在這片死海上，反正也快退休了，安逸就好；而年輕有體力有衝勁的，一旦看透了，便會毅然決然的脫離那片死海。一如前述的例子——小雅，在升職未加薪後沒多久，因為付出與收穫嚴重失衡，也等不到公

司任何回應，半年後，她就離職跳槽了。

沒錯，年輕的確是本錢。出來走跳不止要賺錢，更要學到經驗，但這也並不表示只要能學習到，就該無怨無悔的在薪資上備受委屈，畢竟吃虧的事，沒有人愛做。在職場上常常也有這樣的案例：公司就如同一個大型的圖書館，感覺處處是知識寶藏；仍而，它更是一頭體積龐大的大象，許多的舊思維、體制，想要翻動並不是這麼容易。所以，即是經驗學到了，但投資報酬率漲幅仍不高，付出與實力仍無法從薪資裡反應出來，這公司就真的不值得你再留下來拗了，儘管你有的是年輕的本錢，但年輕不該浪費。

另外，還有一種人，委屈求全習慣了，總說「沒關係」「無所謂」，那公司就會當作你一切都可以，因為連你自己都不在乎了，誰還會想到你？所以，若你有感現況付出與收穫不成正比、事情愈來愈多，薪資卻一直停在原地……千萬別客氣，趕快約老闆或主管好好談一談，理性爭取自身權益，為自己的未來打算。

為青教戰攻略：

年輕賺不到錢，也要賺到經驗！當學費繳夠了，就要伺機而動，然後果斷地另擇良木而棲。別任意揮霍年輕的本錢。

◆ 人脈＝利益？小心人財兩失

完勝心法

人脈本質分類

	交心友誼型	重商功利型
現實面	・簡單交心，無所不談 ・不功利，親切自然 ・不說話，也能單純吃一頓飯	・滿口金錢／利益 ・能合夥生意；沒利益就沒動力 ・高度現實主義
	↓	↓
分析面	最真心、熱忱的單純友情 長遠度：★★★★★ 交心度：★★★★★ 背叛度：★★	與魔鬼打交道，隨時得棄船 長遠度：★★ 交心度：★★ 背叛度：★★★★★
永恆面	人脈＝價值交換，不因你是誰，而是你能帶來多少利益與交換。	

校園就像浪漫微電影，可以只談情說愛，意亂情迷下脫口而出「我愛你」；職場社會卻如同走江湖，刀光劍影，沒有三兩三，千萬別談濃情蜜意。

別人看中的是你的後臺背景

在某個科技園區聯誼會上，當晚產、官、學三方的政商名流雲集，星光閃閃。

「你好，請問你是做什麼的啊？」陳教授與跟在身旁的祕書對著我一起舉起酒杯。

「您好，幸會幸會。」乾杯之後，我遞出一張社會服務義工的名片。

「哦！吳先生……社會服務，這麼特別的事業啊？」陳教授收下名片後，瞥了一眼，就交給了身旁的祕書。

「陳教授，這不是事業，是「志業」啊！對社會有貢獻。」

「是啊！佩服佩服，真是年輕有為啊！」語畢，陳教授便轉身飄走了。

我刻意遞出這張名片，主要是想藉此觀察人性與社會生態，我常在想，商人市儈、功利是天性，那麼教育工作者是不是真如傳言說的也愈來愈現實了呢？看來傳言並非空穴來風呀！

入席之後，我和那位陳教授同坐一桌，只見他在席間上熱情奔放，與剛才的冷眼相待相差十萬八千里。陳教授介紹自己是研究精密半導體的，言談中時不時透露出自己開了一間公司，一會兒談技術，一會談交叉持股……又說自己現在勤練高爾夫，常在中山高速公路交流道下的球場練球……說得眉飛色舞的。

「Bill，你認識那位陳教授嗎？」陳教授一離開，我馬上抓著 Bill 問。

「第一次見面，他就一直拉著我說一堆。」Bill 也對這位陳教授沒什麼好感。

「哈哈，我這次來參與聚會還特別做了一個實驗：我故意身上帶了四種不同職稱、頭銜的名片要來探究人性，想看看那些現實的人的嘴臉，果不其然。」

「嗯！我也佩服這些人，第一次見面就可以口沫橫飛講得翻天覆地的。」Bill 是富二代，雖然年紀和我一樣，但已是上市櫃公司的高層，所以大多數的人在看到他的名片之後，很容易就露出了狐狸尾巴，陳教授就是一例，在拿了名片之後，整個晚上就一直挨著他，居心表露無遺。

人性就是這樣，無所謂現不現實，就是各取所需罷了！看對方把你捧得有多高，完全取決於你這個人脈能為他帶來多大的利益。

交友圈＝人際圈？

在你感嘆人情冷暖之際，其實也不用太難過，只要能拿捏好分寸，你還是能找到真友誼，感受到朋友溫暖的。只要調整好心理、重新定義人際關係，並清楚明白人與人交集的深淺是有差別和等級之分的；沒有一個人會一輩子伴隨你身邊，即使你的貴人、同事或朋友，往往不過是一個過客，利益沒了，該分的分，該散的散。

以我的經驗來說，在看盡了不少的人情冷暖後，我也懂得如何在這複雜的人際往來關係裡保護自己，同時，不輕易玻璃心，也知珍惜。

通常我會將往來的對象依對方的行為、目的與互動模式歸為幾個不同的交際圈：

一、最單純的相知相惜

王姊是我在一項公益活動上認識的朋友，也是我敬愛的一位長輩，事業拓展之餘，仍本初心回饋社會，將愛付諸實踐。我們時常一起討論佛理、哲學，雖然，仍不時會分享彼此在職場的經歷或心情，但卻多是論及如何能在其中讓心性平衡，提昇更多的自我價值。

有幸能在這些無私的長輩身旁學習、請益，不僅讓我的人生更精彩豐富，也讓心性愈來愈強大正向。

二、因需求而存在的關係

這一類的朋友通常是你最熟悉的陌生人，平時感覺不到他的存在，一旦他有需求的時候，例如，需要幫助，需要業績時，自動就會浮出水面，而且通常是不達目的絕不罷休。雖然說「出外靠朋友」天經地義，但如此現實，總不免讓人寒心，所以，這一類朋友不用太上心，以免傷心。

三、是敵是友純靠運氣

職場上還有一種人，平常看似交心，但唯有遇到利害相關的時候，才會知道彼此是敵是友。如同「春天後母面」多變的天氣，沒事的時候稱兄道弟；利益相關的時候翻臉無情，這一條界線雖然充滿了算計，但也只有在遇到的時候才能看清。而如何一眼認清真相，靠得是經驗，只要多吃幾次虧，就能練就火眼金星了。

總之，時間可以證明一切，**別把朋友圈視為理所當然的人脈圈**，否則即使賺到一時的利益，當有天山窮水盡時，你才發現一路走來竟是形單影隻、人財兩失，不免悲哀啊！當然，人緣好也不用暗自竊喜，因為它也不表示是你自身多有本事，也許是你背後可以利用的價值。

為青教戰攻略：

1. **做人留一線，日後好相見；清楚職場的互動分際，才不會落入自以為是的桎梏裡，被利用還沾沾自喜。**
2. **職場雖難有真心，但若總是帶目的交朋友、占便宜，到頭吃虧的終究是自己。**

◆ 別過窮忙的人生

完勝心法

聚會操作四部曲

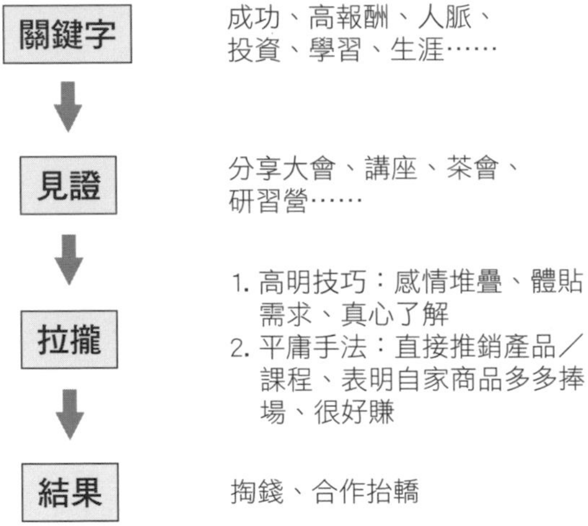

關鍵字：成功、高報酬、人脈、投資、學習、生涯……

↓

見證：分享大會、講座、茶會、研習營……

↓

拉攏：
1. 高明技巧：感情堆疊、體貼需求、真心了解
2. 平庸手法：直接推銷產品／課程、表明自家商品多多捧場、很好賺

↓

結果：掏錢、合作抬轎

職場菜鳥常因涉世未深、歷練不足，在不清楚自己要的是什麼的情況之下，很容易就淪為有心人利用的工具，誘說你參與各種課程、聚會、活動……到最後不僅把自己累個半死，沒有任何收穫，更賺不錢了，這樣的窮忙日子，我也經歷過……

窮忙，只會讓你愈忙愈窮

剛出社會那些年，為了自我充實，只要一有空就去聽一些講座課程，或是參加聚會、聯誼會等等，總以為這樣就可以廣結人脈、海量吸收知識，總有一天可以派上用場。後來才知道，若是動機目標不明確，其實一切都只是瞎忙而已。

時下所謂的聚會講座不計其數，參加之前還是需要徹底了解其功能目的，以及你希望能從中學習或得到什麼，才不致浪費金錢又浪費時間。

對於上班族來說，參與的聚會大致分為兩種：一種是知識型講座的聚會；一種是拓展人脈型聚會。

● **知識型講座：**

這類講座通常會需要繳交場地費或些許的課程費用，內容大多是傳授某些專業的理論與實務操作面，例如：房地產、股票期貨、網路行銷、進出口貿易等等，此類課程結束後，也確實會對一個原本完全陌生的領域有所助益。

但這類課程若遇心術不正的人，其操作目的不外兩種：一種是課程包裝；一種是找你來當抬轎的。

為什麼這麼說？通常這類課程在你聽得欲罷不能之際，會突然出現一群人，開始說服你入會或報名課程，較像是產品行銷的方式，動輒數萬元起跳的課程或產品，在你正被洗腦的熱血沸騰之際，剛好收網。

另外，被找來當抬轎的情形，多半會發生在金融投資項目上，包含股票、期貨、權證等等，在你正想如主講人般的一夜致富、鬼迷心竅時，很容易就被這些聰明的老師說服一窩蜂跟著進場，淪為幫大戶解套的傻子。

騙你的比愛你的人會說，學習是件好事，但千萬別被當成冤大頭呀！

● 拓展人脈型聚會：

我因為工作的關係，時常有機會在產業老闆、長輩們身邊學習請益，因此也常應邀參與這類型的聚會。

有一回，我應林董熱情邀約出席他參與的社團活動，那次是他當選理事長的交接典禮與餐敘。像這樣典型的商業學習組織，通常會夾雜著抱著不同目的前來的人，有想來做生意卻刻意掩飾的，有來找飯吃的，有湊熱鬧、打發時間的，也有真心單純來交朋友或學習的……什麼樣理由的人都有。

在那一次活動裡，間接認識了林董的老婆「陳姐」，自餐會之後，她便開始熱情邀約。過去經驗告訴我，「無事不登三寶殿」。果不其然，我依約前往林董公司，林董前腳剛走，陳姐立刻向我推銷她的產品。

當然，推銷產品不是不好，而是做人處事要「阿莎力」一點，不需要拐彎抹角，繞了一大圈才說出真正目的與動機，那就失去了一種待人純善的動機。

人脈如同愛情，有好桃花，也有壞桃花；好桃花當然喜不自勝，求之不得，爛的人脈其實就不用瞎扯，只是消磨浪費時間與生命而已。

不論是知識型的活動或是拓展人脈型的聚會，只要能夠從當中獲益，得到你想要的，即使再忙，一切都值得！否則真的到頭來不僅白忙一場，也可能賠了夫人又折兵呀！

果然沒有白吃的午餐

我常聽身邊的朋友說，因為他們是金融特定人，所以常會接到銀行相關單位的行銷電話，但因此也常會接到莫名的電話行銷。

友A說，有一回他接到一個行銷人員跟他說一家即將IPO（股票公開發行）的、增資的內幕消息。業務員講得是口沫橫飛，什麼投資報酬率相當高，只要願意投入，絕對有錢途……A說，我只反問他：「既然報酬這麼好，我要是你，我一定賭身家，所以，你自己買了幾張？」在電話那端的業務被他問個啞口無言。

友B分享他接到銀行行銷部電話，行員向他推銷「房屋質借貸款」，建議他可以把房屋作為抵押擔保品，向銀行貸款來操作其他投資案。

「我們的房屋貸款，比起其他貸款項目，利息算是最划算的，我前後經手許多客戶……」那位行員不斷向友B推銷主線產品，也建議許多投資項目。

「既然這麼好，不如這樣，我大方一點，報你一支潛力股，然後你也像你剛講的那樣，把房產拿出來質借，半年後成功獲利，不就是你強化這個項目最具說服力的範例了嗎？」友B直接吐嘈。

同樣地，這行銷人員在電話另一頭久久都沒有回應。

＊＊＊

一直以來，我一直抱持一個準則：對於持著目的接近我們的人，其實心知肚明就好，所謂「強龍不壓地頭蛇」，除非對方太誇張了，不然，就維持基本禮貌或委婉拒絕，保持距離就好，沒必要戳破別人，畢竟「做人留一線，日後好相見」，除非你真的不想留任何情面，那麼就可以像上述我那兩位朋友一樣，讓他們自打嘴巴，知難而退。

總之，天下沒有不勞而獲的事，會賺錢的生意或真的好東西，不會平白無故地到你手裡，總是會要你付出點學費的啊！

為青教戰攻略：

1. 千萬別拿青春當籌碼，為了擺脫窮忙族，急功近利，否則即使披星戴月的忙碌，不僅得不到自我滿足，還有可能賠上所有。
2. 機會來臨時要把握，更要慎重，別拿運氣不好，為失敗及貧窮開脫。

第三章　強大自我的戰略

誰說「只要努力必有回報」！
現實殘酷的職場環境，努力跟回報常常不對等；
薪資高低更可能和能力無關。
所以，別再好傻好天真，唯有壯大自己，才能出頭天。

◆ 明確的自我價值

完勝心法

釐清想法

- 想成就什麼
- 成就的意義
- 自我價值
- 想成為怎樣的人

自我價值＝明確目標Ｘ熱忱Ｘ獨特

天時、地利、人和 ➡ 成功

初初踏上職場這條路，總是懷著謙卑惜福的心以及對職場的熱忱與抱負，直至偶爾遇上戴著假面的牛鬼蛇神之後，才明白，原來不是你乖乖不惹事就能一路風平浪靜。尤其，在經歷了幾次的背黑鍋、中暗箭、冷嘲熱諷的明爭暗鬥之後，終於知道，有些人可以為了那區區幾千塊錢的加給、升遷……而無所不用其極。想想，做人這樣也太沒格調！

只有自己才最了解自己

「對於工作或未來，你想成就什麼？」有次我在讀書會問了裡面老、中、青三個不同世代的朋友……

「就這樣穩穩地做就好了，雖然時機和以前比差很多，但還算可以啦！反正再幾年就要退休了……」老李是 CNC 工業車床的老闆，早年是幫某電子做加工與興建廠房。

「我其實想開一間早午餐店，但現在有了孩子，需要很多時間照料，可能開店的計劃短期內無法實現了；而且，目前這工作的待遇還不錯，老公也叫我這時候千萬別辭職……」Alisa 礙於環境，夢想逐漸被覆蓋。

「我也還再思考，我想做的事情很多，但總力不從心。」A 離職後，自創房地產投資教學事業，但仍對未來有很多的想法。

「除了上班之外，工作之餘我還接觸一些學習課程，想趁年輕，多擴充自己的知識與能力。」小歐在工會事務所工作，剛滿三年。

不同世代的人對於自身都有不同的期許，那麼，你的自我期許又是什麼呢？

所謂「成就」，來自於你對自我價值的定義；但，什麼是自我價值呢？

自我價值 = 明確的目標 X 熱情 X 獨特

明確而具體的目標如同一盞明燈，當遭遇挫折或午夜夢迴時刻，它足以讓你安然度過；也因為這一個強大無比、意義非凡的明確方向，能帶領你堅定地跨出每一個步伐。

渴望成功的決心，靠的就是熱情造就的旺盛幹勁與勢在必行的堅持！若是沒有熱忱之心，一遇上不如意，可能就會無力、抱怨，或是萌生放棄念頭。雖然說十年磨一劍，但能夠在過程裡反覆逃脫出每回撞牆期的煎熬，靠得即是對明確目標的一股堅持熱情。

然，最終必須擁有高度創新的獨特性，才能一鳴驚人，包括想法、流程、結果皆須獨樹一幟；若是 COPY 現成的，這價值就跟 A 貨一樣，平凡無奇，甚至可以被輕易複製。所以得走一條和別人不一樣的路，在過程中找到自我人格特質獨特的部分，將這獨特發揮得淋漓盡致，才能讓「價值曲線」不斷往上攀高、延伸。

＊＊＊

時勢造英雄，世界上從沒有懷才不遇！有時候只是你走得太前面，只要待時機點到來，「天時」、「地利」、「人和」三位一體，成功自然來臨。同時，職場也沒有所謂永遠安逸的環境，「一山不容二虎」，此處不留人，自有留人處，不須強求、不必眷戀，只要有明確目標、有熱情，一定會有一塊落腳處適合最獨特的你。

人，永遠無法改變別人，更不可能改變大環境，唯一能做的是時時刻刻提醒自己：「我想成就什麼事？」、「我想成為什麼樣的人？」沒有人會給你答案，你也不必奢望誰可以指點迷津，「建議」有時聽聽就好，說穿了就是打打嘴砲罷了，更多時候，不過是朋友之間互相取暖。

你，要做自己的主宰，給自己一個鮮明的定位和目標，並花時間蹲馬步，待成功的那一刻，你一定會回過頭來感謝今日的自己。

為青教戰攻略：

在社會上打滾，任何所見、所聞不要急著全盤皆收，偶要慢下腳步來思考現實層面的真實性。尤其，當獨特的目標確立後，與其聽那麼多的八卦、建議、場面話……都不如靜下心來傾聽心裡的聲音，以堅持的熱情努力實踐。

◆ 學會拒絕的勇氣

完勝心法

前輩們說		突破口
1. 以前他也是這樣一路過來的，以前……	➡	1. 好漢不提當年勇，以前是以前，現在是現在
2. 年輕人要忍耐、懂犧牲		2. 成功靠方法，犧牲因為沒本事
3. 工作為重，多做多學不要怕吃虧		3. 小心淪為被吃豆腐、占便宜
4. 年輕要多嘗試，現在機會來了		4. 佛心為我好還是想找替死鬼？
5. 別擔心！賺到錢我們均分		5. 意味著有可能你拿不到一毛錢

學會拒絕的勇氣，不平白浪費時間／智慧／精力

這年頭，許多人習慣用話術、心機來算計充滿理想抱負、熱血的年輕人；甚至巧取豪奪他們的夢想，也正因為年輕的資金不足，剛巧就落入他們畫的大餅藍圖裡。

媳婦一定熬成婆？

十個事業九個騙，有錢自己賺或家族人賺都來不及了，外人想要多分一杯羹，門兒都沒有，儘管嘴上說得天花亂墜，五五拆帳、技術股、紅利獎金、年終分紅……一堆好聽的承諾，但常常是即使白紙黑字了，承諾仍如泡沫。

「因為對方開口，顧及彼此的友情，也就勉為其難答應。」

「因為對方是主管，他要求的每件事情，即使難度再高，也得接下啊！」

「合理的要求是訓練；不合理的要求是磨練。」

職場的老生總常說：「趁年輕多吃點苦，年輕人就該把時間、精力都放在工作上。我以前也是這樣走過來的，一步步累積、穩紮穩打……因為公司賦予的責任感，常常主動加班，幾乎天天都忙到深夜才離開公司……只要肯努力、肯付出，公司不會虧待你的。」

這些過來人說的話，到底對不對？

對；但也不對。

成功的確需要時間、經驗的累積，一旦時機到來，自然水到渠成；但這不代表就要對於別人或公司的所有要求或託付都照單全收，盲目的順從一切，只是為了期許能「十年磨一劍」，或是應前人所謂的「吃虧就是占便宜」、「做多了收穫都是自己的」……就以為這些都是磨練，所以即使犧牲自己、委屈求全，仍自以為地都是成功的必須與必經過程，可是，到頭來，剩下的卻只是一具沒有靈魂的軀殼。

坦白說，這在那些長輩以前的時代或許可行，但這年頭，誰管你默默付出多少，只看成敗論英雄，一旦你承諾了別人，自己做牛做馬做到死，最後反倒讓別人坐享其成，盡享榮耀，而你得到了什麼？

金錢？恭喜你，還算有收穫，但那是你犧牲青春、健康換來的；幸福，賣命的連家庭都失和了，沒什麼值得好說嘴的。

「但沒關係，公司會感謝我的汗馬功勞……」若你這樣沾沾自喜，那麼很抱歉，你真是想太多了！

時代瞬息萬變，以前職場的「不用問，做就對了，埋頭苦幹總能被看見，總能熬出頭」的想法過時了，一旦你不計代價的為對方完成目的後，便他是他，你是你，一切船過水無痕。什麼「媳婦熬成婆」，誰來當媳婦？當然是連毛都還沒長齊的我們啊！

為人作嫁，只是白忙一場

不同的年代，有不同的做事方法，沒有對錯，只是手段不

同罷了！唯一不變的是，機會永遠是給準備好的人。當你手上擁有了專業的技能、豐富的經驗以及累積的年資等等的機會乘車證，雖然沒有任何人可以給你承諾，保證當機會列車來臨的時候你一定上得了車，但起碼你已經擁有上車的資格，而且，是任何人都搶不走的，只要待列車進站，你抓準時機，鼓起勇氣大步一躍，穩坐機會寶座即可。怕的是，當一輛輛的車停在你面前，有人上車、有人下車，在車子駛離月台後，你卻仍然還留在原地，只因為你堅信著前人允諾的：「會推你一把。」然而，對方卻連手都沒有伸出去一下。

試問：「為人作嫁，你賺到的是什麼？」

或許你會說：「起碼我有得到技能提升、自我超越……」

也很好！只要在努力過後，自覺有收獲，即使吃了悶虧，或結果不見得全盤滿意，但只要能自我調整、能接受就好；但若只是充滿懊悔，心有不甘，那麼請在別人開口的時候，就做好評估、看清真相，再明確的婉拒，不然委屈地接受，到最後無法完成，不光是讓自身的信用受損，也落得別人後話，甚至翻臉。這現實的情況在社會上、職場裡是再習以為常不過的了，因為你的拖延也戳破了對方的希望。

＊＊＊

初入社會的嫩草們，大多都會相信前輩／長輩們給的意見，一如我一開始對他們做出的承諾也都深信不疑，相信他們是為了要給年輕人一個試煉的機會，只要願意付出更多、做更多，絕對不會虧待我的……雖然多數正派商道是如此，但我卻總是運氣不好，遇上那極少數的無良黑商。在非旦看不到任何實質回饋的同時，長期下來，自己的體力精神早已不堪負荷，看醫生請病假的錢公司不但照扣，更是算得清清楚楚；而那些所謂的前輩／長輩們，最多就是走過來拍拍你的肩膀，真摯地丟下一句「保重啊」，然後華麗的轉身而去。

所以，請認清：你只是一個人，**年輕的時間、體力有限，每一分都要把它用在刀口上**，一切都是要為了自己，別任由別人打著「賜予機會」的美名，但可能實際是來占便宜、要你做白工的，畢竟，「虧」吃個一次兩次就夠嗆的了；而且，我們出社會，一來為賺錢，二來為學習，若是賺不到錢，又沒有任何充實學習的價值，那麼此處／此人就絕對不是個值得逗留的生存之地，你，還是趕緊拍拍屁股走人吧！

為青教戰攻略：

別虛擲青春的時光，年輕的本錢本就該用在追求自己夢想的路上；拒絕別人信口丟出但隨時都可能泡沫化的希望，讓每一分的努力都用在值得的事物上。

◆ 等加薪不如靠自己：創造三倍的收入

完勝心法

開啟多職人生

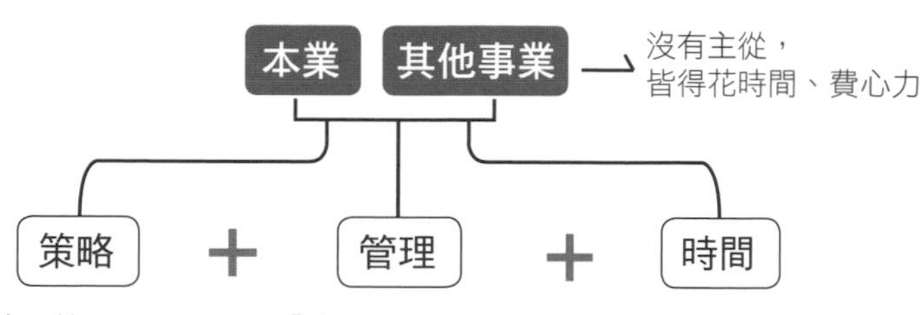

- 「水庫式」管理，源源不絕訂單
- 善於「打群架」合作
- 基本管銷、費用不須過度節省

- 「水庫式」管理，源源不絕訂單
- 善於「打群架」合作
- 基本管銷、費用不須過度節省

- 由大而小：年／月／週／日，計劃擬訂
- 專案式建置：完成期限，拆解到日常作業
- 持續評估、定期追蹤、檢討反省

大多數上班族感到最無力的是，要想創造更多財富，唯有靠老闆加薪！但這問題即使你眼巴巴的望穿秋水，或等到天荒地老也無解，倒不如正視問題，正面迎擊，自己來解決實際的多。

時間不是問題，只要有精確的自我管理

我身邊很少有人可以全然了解我到底有幾份工作；做這麼多又是為什麼？

「大忙人，終於見到你了啊！我幹到副總，也都還沒你這麼難約……」John 推著眼鏡，瞧我不疾不徐的走入星巴克。

每回趕場我都得喘上好一會。上一秒是在十字路口狂奔，下一秒踏入赴約地點前，都得先找個鏡子整理儀容，讓自己如貴婦般永保雍容華貴的模樣，這才叫專業。

我試過最忙碌的顛峰期，除了本業的兩份工作之外，還有三份高度跨產業的事業：包含補教業、健康保健產業以及擔任企業專案顧問（Business Model、國際長程發展計劃、藍海新創、價值鏈延伸……）。

但儘管已經如此忙碌，每一天，我仍善用零碎時間，看經濟日報、工商時報，並且關注證交所、櫃買中心資訊，掌握股票、期貨、權證動向；每一週，我也參與商業社團、商業課程講座；每個月，至少得看三本書，並且瀏覽一遍所有商業、經濟、貿易、財金等雜誌或期刊。

因為多職人生，所以對於時間我必須高度精準掌控，因此，到現在**我仍舊維持紙本書寫行事曆的習慣**，將時間精準地切割為年、月、日、小時四種表格，來記錄每一天的行程。

也因為，**「寫下來」才會有足夠的印象**，不然光是訂單管理、客戶往來、策略研擬、會議、財務管理，又全是跨產業類別，在無法交互支援的情況下，真的很容易錯亂。

而較重要的專案，則必須拉出來以「月」為單位，切割出「日期別」，即是甘特圖（Gantt Chart）的專案管理排程計劃，清楚知道這個計劃所需要花費的總體時間，再從這段時間裡，一一記載進度、時程，按部就班，確實掌握每一個階段必需完成的進度。

「時間」很重要，因為直接對應到「投資報酬率」，包含金錢、健康、家庭、人際關係……到底投資的回收是正成長，還是虧損，所以一定要做好精確的時間管理。

「水庫理論」加「打群架戰略」

善用「水庫理論」，配合「打群架戰略」，即能製造源源不絕的現金流。

很多人問我，為什麼能同時執行那麼事業？其實是因為有些事業體占據的時間真的不多。

因為藉由參與社團而認識了許多商會的大哥、大姊們，所以在取得代理、經銷這一部分較容易；同時，我很清楚設定每一個事業體都是一個「水庫式」的營運模式，亦即有了主要的人脈力量後，除了初期的配合模式、存貨、財務流程、行銷、通路嫁接等比較耗時外，待這些都穩定了，都只需要定時追蹤效益即可。

每一個事業都套入這樣的模式，只是產業別不同，方法皆大同小異。這也是我能夠身兼數職，甚至跨產業的主要原因。而且，這些業外的事業，全部是我利用下班或休假的時間，全心投入處理，一開始確實必須有所犧牲，沒有假期、約會、親情時光……但當看到創造出來的這些成果，這一切都是值得的，因為都是為了自己而努力的！

所謂「水庫式」的營運模式，故名思義即水庫必須保持源源不絕的活水模式，亦即訂單、實質收入必須如活水般的源源不絕。

想要有這樣的實質效益，在初期的建置上，耗費成本是一定的，但試想，若這些多職的水庫一早建立起自行運轉機制，讓你能在保有一份穩定的工作情況下，還能自行這樣嘩啦啦的流出這麼多的現金流，你能不心動嗎？

當然，水庫也會有乾涸期，例如：淡季。所以這也提醒我們時時要有危機意識，利用學習培養應變能力，只要能夠熬過去，又會是另一片的海闊天空。

＊＊＊

一個人埋頭苦幹已跟不上時代，除非你是富二代。

年輕人大都資源不充裕，不論資金、人脈、技術、經驗……這時，你更該學會「打群架策略」。

一直以來，我常不吝把自我產業的 know-how 告訴朋友，他們都驚訝的反應：「Jack，你瘋了嗎？你竟然把你遇過的失敗環節都告訴你的競爭對手。你不是應該讓他自己經歷嗎？這樣你才能減少對手呀！」

「Jack，你竟然去建議彼此競爭的對手一起合作，把市場分額提高，利潤均分，簡直是愚蠢的行為……」這樣的話我聽過很多次。

但，目前是「共享」當道！

經營，是要把市場做大，而不是故步自封，把自己的事業給搞成夕陽產業，甚至搞垮！

過去的舊思維，害怕技術、想法被同行竊取，所有利益最好都盡入自己口袋；但，一旦景氣蕭條，隨即步入慘澹。看看國外的年輕人打拚從不單打獨鬥，因為他們知道**市場如同藍海般，唯有集結彼此力量，揪眾以「打群架」的方式，從這一山打到另一山頭，逐漸擴大市場版圖。**

埋頭苦幹的時代已經結束，別把所有的事情都攬在身上，有智慧的經營者，捉大放小，不擔心有夥伴，也不怕被同業仿效。只要你的思維夠強大，商業模式隨時可以重新調整來因應市場，儘管別人偷取你的模式，也都只能是一個跟隨者，只有你是唯一能活得長久的領頭羊。

為青教戰攻略：

1. **想要創造更多的現金流，就請盡快展開斜槓青年模式。**
2. **精準做好時間管理；精算投資報酬率。**
3. **善用打群架模式，創造多個水庫，在共享的立基點上做大。**

◆ 江湖走跳的最佳商業模式

完勝心法

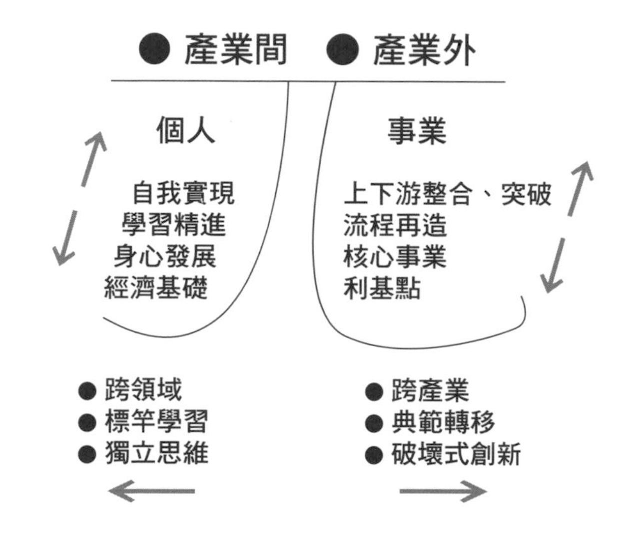

不論上班族、創業者，你都需要一套「商業模式」，透過這套模組的運行，為自己創造最高成效。

知己知彼，先找跨產業的模範生

同產業間多半會有框架、包袱，但偶爾仍會偷點同業的策略、行銷，再從抄襲中做點變通，或許換個顏色掩人耳目，但不論怎麼改造，最後看起來都像出品自同個爹娘。

為什麼許多產業最後都會走上這條路？這是因為我們都太習慣地只做「T型學習」，把路給走窄了，而不願意突破，朝「兀型策略」前進。

什麼是「T型學習」？為什麼會讓人把路給走窄了？

「T型學習」即只在本位思考，只專注在自己的本業範圍內垂直延伸發展，所以不管怎麼變動，差異性都不會大，發展就會愈來愈窄，甚至多半曇花一現，撐得了一時，稱霸不了一世。

「兀型策略」則不同，同樣垂直延伸，但會做水平式的擴大發展，有多方策略整合、聯盟，還會回頭檢討、修正產業的內部問題，甚至跨產業找創新契機……「兀型」跨出的腳步比別人要更前，雖不見得是先入者，卻能一直走在該產業的前方。

＊＊＊

倘若你永遠只把自己定位在一個領域，那麼就容易遭致失敗！

「手搖飲」近幾年來競爭激烈，市場上的品牌多得不勝枚舉！但每年仍不乏出現許多新創品牌。那麼，為何隔年有些品牌就再也看不見，而有些品牌卻能異軍突起，成為後起之秀呢？

新創品牌若同樣地只是跟著走老路，只把自己定位在「手搖飲」上，當然容易被淹沒；但倘若能多點新意，加上跨產業的新營運模式，例如：結合文化、科技、生技……從既有的核心裡創新，讓它從「手搖飲」變身晉級為「手搖飲＋」，是否就能夠耳目一新、與眾不同？甚至會產生一個高度的市場破壞效應，成為一枝獨秀！

知名速食店賣炸雞，所以只是速食餐廳嗎？錯了，它是地產公司。

你可以發現它進入市場的區域，多半是開發中地區，於是順帶地大量購置土地，也由於消費者認同這熟悉的品牌 Logo，自然能帶動一個區域成長，於是地產公司就能將持有的土地順勢租賃出去，也連動炒高地皮，這就是「兀型策略」的成功範例。

「兀型策略」的商業模式靠得不是苦力，是腦力！

不論只是上班族的你，想要創造更多的自我價值，讓主管、公司對你印象深刻，因此步步高昇；或是正欲創業的你，想讓事業能一炮而紅、屹立不搖。那麼從現在起，擺脫傳統方法、跳脫舊思維框架，開啟用腦力建構能靈活運用的「兀型策略」商業模式，才能以最少的成本，為自己帶來最大的利潤，也才真能一圓人生最美的一場夢。

為青教戰攻略：

1. 靠腦力的商業模式，方能以最少成本，帶來最大利潤。
2. 擺脫垂直思考的「T 型學習」舊思維，開發內外兼具、跨領域、水平多元發展的「ㄫ型策略」商業模式。

◆ 嘗試刻意犯錯

完勝心法

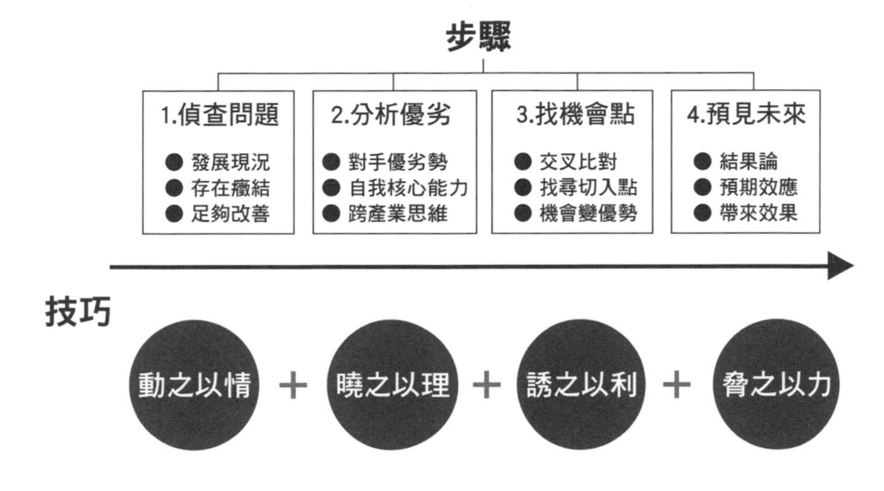

對於「犯錯」這件事，多數人是害怕的，甚至期許它最好不要發生。尤其在職場，對於錯誤，更是戒慎恐懼！但這箇中道理就如同放風箏一般，當你把線拉得愈緊，風箏愈是飛不起來。雖然謹慎行事有其必要，但過度戰戰兢兢，有時反而很難有所突破。

與其小心翼翼，有時不如放手一搏，反能出奇致勝

「副總，下班沒？一起吃個晚飯吧！」我經過 Duke 公司，用 Line 提出邀約。

「今晚不行，我還在改總經理的資料，都已經是改第七版了……」Duke 秒回應。

「好吧！精神與你同在，加油！」

Duck 是個工作狂，每天幾乎都晚上九點十點才離開公司。他常在聊天中提及，他的總經理給指令時，常常模稜兩可，在決策上更是極易搖擺不定；或是每當高階會議結束後，一旦發現矛頭不對，就會臨時丟出個狀況題，讓下面的人將完成的企劃案全部打掉重練。

在職場中，這樣的上層或主管比比皆是。你可能也遇過說話反覆無常、經常拿不定主意的中階經理人，他們之所以會這樣，一來是他也是領人薪水，擔憂績效好壞而影響職涯發展，所以常常搖擺不定；其次，他也因為上層的指令或方向不明確，而如同「擺渡人」般被左右的不知如何是好！我記得 Duke 就跟我說過，有一回，他的主管又因不斷地揣摩上意不知如何是好，讓整組人的作業遲遲無法定調，他突然心生一計，反正前面都已經小心翼翼地的試了多個方案，但不管怎麼做，主管最後仍

是亂了方寸、無所適從。於是，Duke 索性一整個豁出去，不按牌裡的丟出一個方案，沒想到，反而被公司上層接受了，並圓滿地執行完成。

Duke 的「脱序」經驗也讓我強烈感受到，與其因擔心害怕做錯而綁手綁腳，不如放手一搏，反而能突破窠臼、出奇致勝！但這「出奇致勝」必須要在兩個很重要的立基點上：一是數據資料；二是策略整合。

● **數據資料：**

有了數據資料，便能實事求是。因為心中有「數」，才經得起科學、理性驗證與別人的質疑；同時，每一個參考數據的背後都要能説出原因，不容許有錯誤的可能。但有時即使數據經確認，仍舊會有彈性出現，「人為因素」便是最大主因。Duke 公司即是一例。

Duke 公司是電子零件上游廠，他掌管的管理部門負責人事、教育訓練等，因此，有關年度考核的激勵專案也是由他的部門負責審核。

當 Duke 部屬將核算員工績效的採樣項目與百分比、計算時間等換算成數據比例，經由他認同之後，再做成表格化上呈總經理做最終審查方能定案；但因總經理不斷在專案裡搖擺不定，一下修正績效百分比，一會兒又調整採樣項目，最後又將專案打回原形，發回重新再議，所以，才會有 Duke 所謂的第七個版本。

而這一切的狀況，一直到後來才知道原因。原來是因為他們公司的另一家族派系，時常直達天聽的打小報告，Duke 的總經理擔心這個專案一個沒有處理好，讓這一派系覺得有失偏頗，反被告上一狀，所以才會一直左右為難；加上他的核心幕僚也有不同的意見，無法達成共識，才會因此一改再改，無法定案，讓下面的人忙得是人仰馬翻。

● **策略整合：**

這是想要出奇致勝很重要的一個環節；而這一方面就得結合個人專業的「理論、實務、創意」三元素了。例如：有一回，公司的主管跟我說：「建興，雖然我心裡已經有想法了，但你還是回去想想看要怎麼做，再來跟我討論。」於是，我開始蒐集匯整一個完整地市場狀態報告，以及需做的因應措施，還提供了一個有關開拓新市場的模組化建議，就這樣終於搞定了前組人馬原本一再被退的企劃案。

其實，很多時候，老闆在請你彙整一個與專案相關的策略資料時，可能在當下他自己沒有任何想法，或是也舉棋不定，所以就讓下面的人不斷地提供不同的策略版本供他做為啟發想法的參考。但，老闆肯定不會這麼跟你直白地明說，若你沒有任何的策略資料做後盾，肯定會被老闆的天馬行空想法拉著走，久久都搞不定，可能還會被嫌辦事無能。

當然，企業的運轉，時間是很重要的成本，案子來回修改，雖說是審慎評估，但若一再走回頭路，就叫浪費時間。

所以，若你的主管、老闆，總是想法顛三倒四、左右搖擺，或許你偶也可以脫序一下，**只要把握好立基點，不要怕犯錯，勇於做嘗試，從失敗中累積每個迎向成功的經驗值。**

＊＊＊

不論你做什麼，都必須能容忍並接受偶爾犯點小錯，這不是要你如瞎子過河，心裡都沒有底，等跌倒、撞牆了再重回到原點出發，而是先刻意從錯誤推演，找尋預知以及受傷止血的能力。

但有一點很重要：**犯錯也要掌控好風險**，你得設一個接受犯錯的容忍值，如此一來，即使天塌下來了，或一個不小心重重摔了一大跤，也沒什麼好擔心受怕的了。

為青教戰攻略：

1. 失敗為成功之母，雖為老生常談，但卻是從古至今不變的真理。
2. 與其戒慎恐懼、畫地自限，不如放手一搏，大膽心細地勇於嘗試創新，每一次的失敗，都是邁向成功的墊腳石。

◆ 勇於破壞式創新

完勝心法

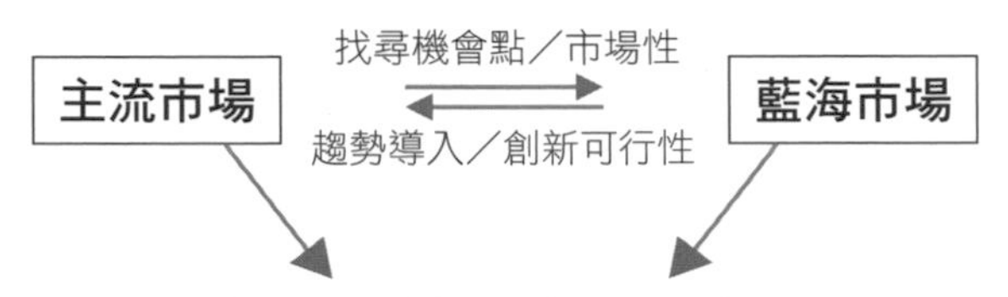

人才關鍵　年輕就是本錢／保持反向思考

迷思破解
1. 機會靠長輩給，被利用只是剛好
2. 分紅配股對拆，沒拿到之前都是矇話
3. 嘉勉幾句別暗爽，有錢才算數

戰略

心靈面
- 明確意圖、無限夢想
- 砍掉重練不是歸零
- 追求「質變」，不是「量變

執行面
- 從原先找尋價值
- 定位點（做與不做）
- 聚焦範圍，進行改造
- 顛覆傳統，翻轉市場

報酬面
- 賺到學習，也要賺到錢
- 拒絕白工虛度光陰

年輕是利自身的最佳武器，不是供他人無償利用的子彈！切記，年輕就是本錢，但要揮霍在自己身上。

破壞式創新，才能一本萬利

破壞式創新的第一步：**調整心態，顛覆傳統價值觀，拒絕安逸環境與做白工的學習。**

在職場裡，我們時常寄望自己能夠渺小的被看見，被動的被前輩提攜、被主管發掘……

為什麼我們的成功總要建立在別人的關注之下？甚至還得眼巴巴乾望、乞憐搖尾別人的施捨與機會？

「沒辦法，因為他們是前輩啊！」Sherry 露出一絲淡淡地哀傷。

「我很認同敬老尊賢，但這世上仍有少數倚老賣老，愛占年輕人便宜的大魔王。」時常遊走在商會間的阿 Ben，在看透了之後也無奈地說，「當然，前提是我們自己也要夠努力啦！可是年輕人剛踏入職場，在沒什麼閱歷的前提下，真只能當個乖乖牌，未來一切交由命運安排了。」

多令人心酸呀！「年輕」不該是最大的本錢嗎？怎麼卻成了包袱！

時下普遍認為年輕人沒有任何閱歷，像一張白紙，不但沒有職場老鳥的世故，薪資也低，也聽話，也比較容易教育訓練……這些也是為什麼多數企業喜歡用年輕新血的緣故。

若是有幸，你的爆肝努力被前輩或老闆看見，願意提攜厚愛你，那麼恭喜你，三生有幸！因為還是有很多的人最終只得到一句：「不錯哦！年輕人肯學是好事，加油啊！」然後以為就機會來了、平步青雲了。錯！他們認為既然你這麼好用，只會更變本加厲，反正你也不敢哭夭啊！阿 Ben 就是個活生生的例子。所以，我並不認為這是良善雙向的成長軌道，更不容易奠基企業組織安定的力量。

＊＊＊

破壞式創新第二步：**從原先的價值，找到不斷相對創新的機會。**

不能光是埋頭苦幹，你除了要不斷強化自己原本內在的價值之外，更必需要時時把頭抬起來觀察並抽絲剝繭每一位競爭對手的每一個細節，看看他們都在做什麼，方能從中看到攔截點；你得在既有的穩定環境中突圍，讓自己如同 NBA 球隊裡的 MVP（最佳球員）一般，才能為自己創造更多的機會，才不會陷入龍困淺灘的窘境。

砍掉重練不是 0，是無限大

要能做到勇於破壞，除了放下自我成見、包袱，擁有歸零的勇氣之外，更要有強烈的明確意圖以及起心動念，才足以撼動並改變自己，成為長遠努力的目標；但若目標不明確，沒有強烈理想，既有的現狀就不容易打破。

動態的社會，時時刻刻在變化，當你決定並已經開始讓原本的平靜產生滔天巨浪，你如何面對守舊派的防守阻撓？又或者，該如何讓市場、環境接受並跟隨？

答案：最終是質變，不是量變。

創新，不是為了要做更多而改變，那不過是走向窮忙，愈忙愈窮，終至毀滅；**創新是為了有更好更快更有成果的運作模式**，於是在發覺新的機會點之後，蓄意破壞舊有的結構性，也許與傳統主流市場背道而馳，但因透過資訊的整合、分析，彙整後，導入一個明確創新的趨勢或理念，因而產生良好、可無限延長的持續性結果；亦即是在本質上做改變，進而影響有更好的量變，這樣的創新才有意義，而且，不論是個人或企業皆然。

為青教戰攻略：

1. 不安於現狀，時時保持反向思考，從中找出機會點，勇於創新。

2. 善用年輕的本錢，創造一本萬利的無限大成果。

◆ 後有追兵，永遠得先馳得點

完勝心法

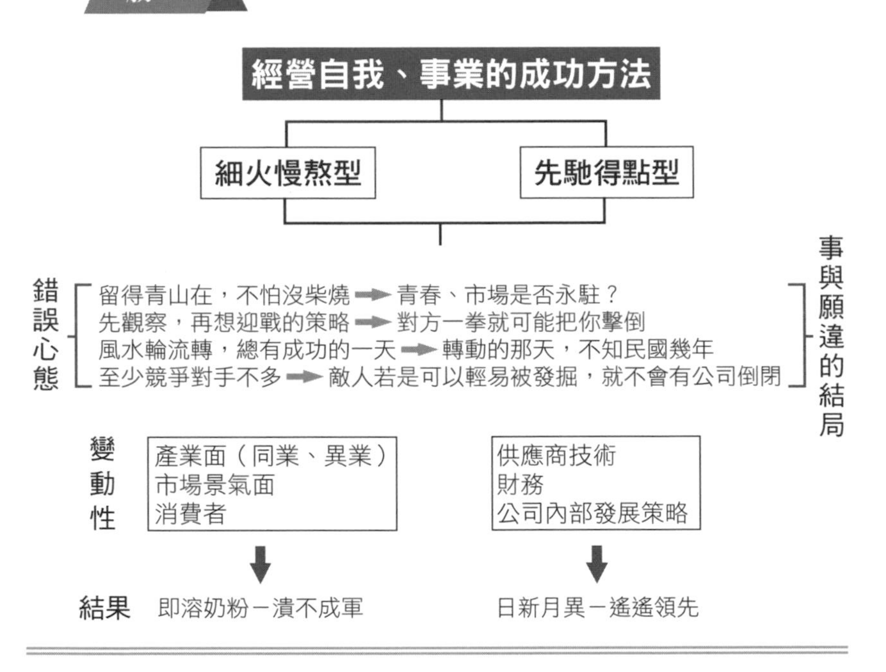

有些事情能夠短期速成、獲利；有些事情則需要細水長流，急不得！有時候，走得慢，才能將沿途美景盡收眼底。

全力以赴，在擂臺中央發力

日本經營之聖稻盛和夫先生曾發表「在擂臺中央發力」的企業經營之道。意即，相撲選手都是在擂臺中央開始進行比賽，當選手雙腳被推到相撲臺的邊緣，也就是快要被推出圈外時，才開始真正發力。那為何不在一開始就發揮實力、使出全力？非要到緊要關頭被逼到賽臺邊緣時，才慌忙採取行動，展現爆發力。

企業經營也是一樣，當在臺中央時，很容易因為時間充裕而放鬆，但不見得每一次都能那麼幸運，可以逆轉勝！因為有可能愈是在關鍵時刻，愈可能會增加失誤的機會。一回僥倖，二回躲過，下一次是否又能夠全身而退呢？答案是未知。

「決心要關掉你的夢想咖啡廳了嗎？」我再三向小歐確認。

「對啊！賠兩百萬收場。我這三個月來，每天都到店裡想辦法看能不能力挽狂瀾，但還是救不回來，唉！」小歐感嘆地說。

「所以啊，為什麼妳不一開始就使出全力，自己駐店拚命幹，就像當初妳展店時的雄心壯志。」

「因為我想剛開始也只是試試水溫，況且所有都照 SOP 的流程來走，所以當一切上軌道之後，我就交給我朋友也就是店裡的副店長來打理，想說不會有問題的！誰知道後來竟每個月都在虧損，等我覺得不對勁時，再出手都來不及了。」

＊＊＊

人一定要處於「在擂臺中央發力」的警覺性，不論是經營事業或個人，一開始就得全力以赴，保持一個預期成功的心態，期能一舉拿下勝績。不要非等被逼到角落，面臨可能被扔出界外的危機，才發憤努力，最後可能也是亡羊補牢，為時已晚呀！

若能從一開始，就能衡量自己在整個事情的前、中、後期走向是否正確、平穩；同時確實掌握可控因素，做好評估，在三個階段中時時修正，努力精進不足之處，並隨時保持收放自如、游刃有餘的局勢，就不會讓事業或職業變得枯燥乏味，或是面臨壓力、打擊時，輕易就被擊垮。

思維翻轉，常是成功的關鍵

在成就自己或事業的過程裡，一定會被許多惱人、挫敗的事干擾，甚至打擊鬥志，但千萬要有「一定能成功」這無堅不摧的信仰，不能輕易退縮。

古人有云：「小心駛得萬年船。」沒錯，鴨子划水終究也能夠划到對岸；但，那只是理想境界。也無風雨也無晴，誰知道中間會不會遇上陰溝裡翻船這檔衰事。細水長流，並無不好，慢慢走的是學習、累積；可更多時候，當後有追兵，就容不得你慢慢走啊！所以，非常時期得有非常思維。

如同城池攻略，絕大多數是攻城的一方號角響起，一干人等在槍林彈雨中朝明確的目標挺進，用口袋包圍的迎戰方式，拚命地想先站上城池，等待城池內的一方彈盡糧絕，最後棄械投降。當然，這是攻擊方減少損傷的最好方法。但殊不知你困著別人，同時也是困著自己的前進方向；你不是在探對方的底線，而是守株待兔，等待一個不知勝或敗的未知數。反之，若是在有六成把握的態勢下，就拚盡全力乘勝追擊，儘管往前衝，最起碼能勝券在握。

思維翻轉，永遠是成功關鍵！一開始嚐到甜頭，就得立刻得寸進尺，方能成功在望。謹記：「任何的中場喘息，都是給對手追趕取勝的機會。」

為青教戰攻略：

1. **一開始就該全力以赴，在擂臺中央就要堅持、不放鬆、毫無保留地使盡全力。**
2. **非常時期，最忌墨守成規，翻轉思維因應時勢，才是成功關鍵。**

第四章　信者為王，做自己的主宰

你，甘於平凡嗎？沒瘋狂的做點事情，怕將來後悔嗎？
想要職場轉大人，就別再猶豫，
勇敢追夢，為充實的人生冒險一次。

◆ 心有多大，天就有多寬

完勝心法

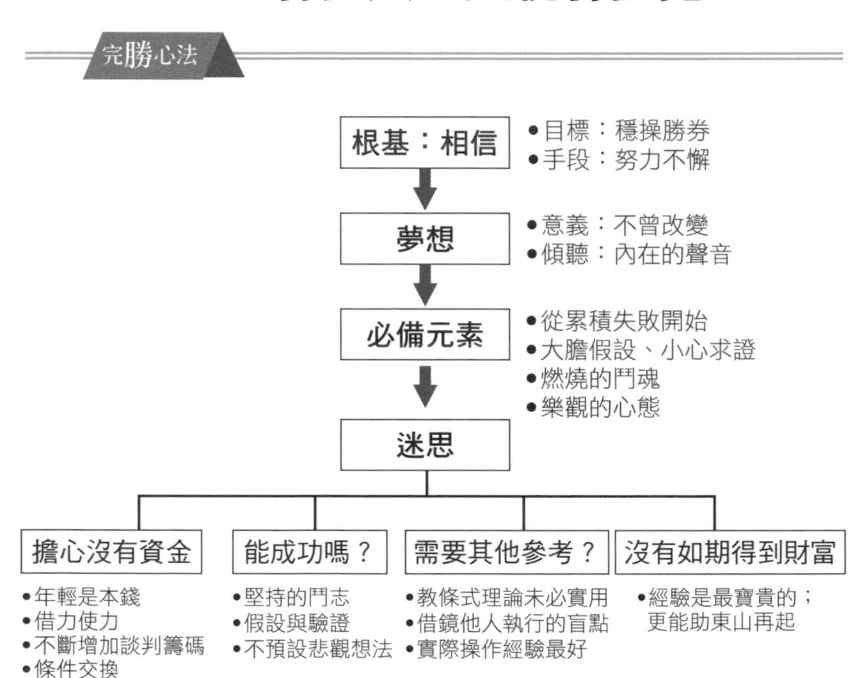

你的夢想是什麼？當放下書包，提起公事包的那一刻起，你對未來規劃了什麼樣的人生藍圖？

勇敢做夢，追求大確幸

人生境遇裡，一定會遇到許多挫折；也總會不斷地在醜陋的事件中驗證人性、感受人情冷暖，無論如何，千萬別讓這些種種澆熄了你勇往直前的熱情。愈是艱困，愈是人心隔肚皮，我們得愈發真誠及平常心來美好看待。例如：在職場奮發向上的人，要學會不斷在公司現有體制中，提出新的構想、好的執行方案以及更高的獲利模式，包含實質金錢收穫、心靈成長、實力培養，為自己創造更多的潛在價值及優勢。

若是創業的人，則更是要大膽地在產業中做夢並求新求變，才不會讓自己的行業淪為「夕陽慘業」，才不致被淘汰。根據觀察，一個企業平均每十年就必需要大變革一次；若是科技、研發領域則更是快速，所以若沒有創新想法和及早的危機意識，很容易就被取代。

「你知道為何當初我要找你嗎？」蔡董冷不防對 King 拋出這一句話，「因為，你看事情看得很遠，遠到把我的雄心壯志都給燃起了。你看，你才幾歲的年輕人，卻敢跟上市櫃董事長、高層談合作，叫人家跟你合資，一起把餅做大……要不是我認識你，我也覺得你肖仔。」

蔡董是做重型吊掛機具起家的，旗下還有一間創投公司。蔡董之所以會這麼說，是因為有一次 King 有一個投資企劃，那次估算若是要把市場分額做出來，週轉金高達五千萬，一個人根本沒可能吃得下這麼大的量，於是突發奇想去找上市櫃公司來合資，再成立分公司型態。沒想到還確實得到兩家大廠的回音。

「呵！董仔，運氣吧！就……心想事成。」King 臉上堆起自信的微笑。

「對，你確實跟一般年輕人很不一樣，如果我兒子能像你這樣……」King 沒等蔡董說完，就接著他的話說：「嗯！如果我是你兒子，我會先訂機票，開始環遊世界，哈哈。」

「靠夭咧！我說正經的。」蔡董操著熟練的閩南語笑著說。

一直以來，我都認為，若想創業，只要有正確的心態，就會有正確的想法，那麼這些善念自然可以隨心傳遞出去，別人一定能感受得到。如同身邊的人總說我是「初生之犢不畏虎」，但我倒覺得我只是有「勇氣」和「憨膽」，再憑藉著源自日本的「鬥魂」精神，而成就了現在的我。

「鬥魂」一詞，原廣被日本的拳擊圈及摔角圈使用，本指的是一種「戰鬥本能、戰鬥精神」，意即面對任何對手都能毫無畏懼，並竭盡所能戰鬥到底。「做夢」若也能本著這樣的鬥魂精神，奮力一搏、永不言棄，雖然不知道天到底有多高，但一定可以把天際撐得又寬又大。

失敗陣線聯盟裡隱藏的成功契機

以前我很喜歡看國內外的名人勵志書或是成功方程式，除了希望能和這些成功人士一樣的成功之外，也從中找尋是否有特別的商業模式可以學習。後來我發現，若只是守在書本或教條裡，如同隔靴搔癢般一點用處也沒有，於是我開始放下書本，實際的走出去觀察與建構自己的理想願景。

這些年來，當我決定要投入一項新興事業體時，我就會參考過往該產業成功與失敗的案例，不會盲目的直接仿效或套用別人的成功模式，反而會從不同觸角考量以跨產業鏈的方式，進行再造與導入。

有人問我：「為什麼還要參考失敗的案例呢？」因為，比起成功，失敗更容易；成功通常是許多失敗的累積而成的結果，成功方法僅供參考，但若能了解別人失敗的原因，就能避免自己重蹈覆轍，也才更能體悟當中的精髓，在細節上更加精準落實；加上若能時時反省、修正，保持變通，那麼才能離成功更近。

日本首富同時也是Uniqlo品牌創辦人「柳井正」，以自身的「一勝九敗」的成功法則勉勵所有的年輕人：「**不要害怕失敗，要研究與改善。因為一系列的失敗中，孕育著下一次成功的胚芽。**」

只有無數的失敗才有可能帶來成功；只有在失敗陣線聯盟

裡，你才有機會站上自己的舞臺，儘管背後歷經無數的冷嘲熱諷、孤寂冷漠，甚至有放棄的念頭……都請記住：「永遠不放棄」以及「一定會成功」的信念。另外，當需要溫暖或拍拍的時候，與其等待別人伸出援手，不如用自己的左手溫暖右手，來得及時也實在。

人生一定要大膽地勇敢做夢，夢無論大小，只要有心成就時，自然花會開；也別再花時間去等待別人給你的機會，握在別人手上的總是曇花一現，不如自己創造機會，起碼決勝權握在自己手上。

若你總是抬頭望著天上的彩虹讚嘆，不妨也試著讓自己成為那一道美麗的彩虹，在大雨過後亦能閃耀整片天空。

為青教戰攻略：

1. **勇敢做夢，只要堅信能成功，小卒也可能變英雄。**
2. **不怕犯錯，活用失敗的經驗，再用成功來十倍奉還。**

◆ 做個自燃人，狂野造夢

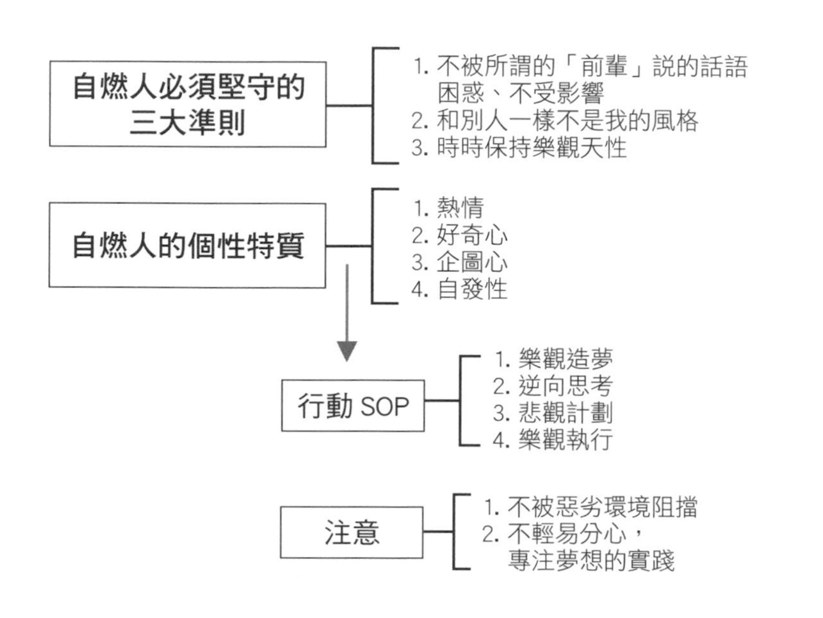

一群人類中，只有 10% 的人會有高度成就的事業；而這碩果僅存 10% 的人，肯定有別人看不見，但卻是致勝關鍵的「自我察覺」。

做個有高度自我察覺的自燃人

日本經營之聖，同時也是京瓷創辦人稻盛和夫，曾在他的著作《稻盛和夫工作法》中，將人分為自燃人、可燃人以及不可燃三種。「可燃人」只要靠近火就會燃燒；「不可燃人」即使靠近火也不會燃燒；而自燃人則是不需靠近火，也就是不需借助外力，即可自己熊熊燃燒，通常這一類人不僅是企業主最需求也最愛的人，同時也是在職場上最容易成功的人。

你，是自燃人嗎？你對於每件事情都充滿了強烈追求的興趣以及企圖心嗎？

自燃人得像隻好奇的貓，對於事物有著充分的熱情以及高度的自動自發力。自燃人是當你開始專注某個專案、事業，或是在自我學習時，便會在心中描繪出一個願景，同時也會不自覺得讓人擁有一種潛意識。這種潛意識可以幫助你儘管周遭事物瞬息萬變、未來無法全盤掌控，仍能在你遇到喪氣、失志或困境時，不時提醒你要堅持心中願景，要頭也不回的堅持到底，只要走到最後，一定能夠遇到如桃花源一般的美麗景緻。

自燃人還有一點很重要的特質，就是得持續保持樂觀造夢的心態，除了對於眼前的事物、商業模式……得時時評估其所能提供有效的市場價值外，更要時而逆向思考、未雨綢繆，做好最壞的打算，以備面臨失敗之際，能快速地提出有效解決方案，防止意外發生時的手足無措。

總之，一個成功的自燃人，在朝心中願景出發之際，就能打理好所有配套措施，如此才能放手一搏，帶著希望朝著夢想樂觀前進。

因為看得見，未來生動而燦爛

別做「同是天涯淪落人」，因為「Me Too is not my style.」（和別人一樣不是我的風格）。

長輩說什麼就是天經地義？

主管說什麼就是金科玉律？

老鳥學長姊說什麼就是理所當然？

其實，不見得！若是他們說的都能如此受用，現在就不會有時間在你面前跟你瞎說、攪和，更不用說會傳授你任何實用經驗。真正成功的人，自己繼續發揚光大都來不及，怎麼還捨得把成功模式告訴你，不是他傻得可以，就是你太天真。

想要做個成功的自燃人，就別怕和其他人不一樣，只要不是過度標新立異或唱反調，就該勇敢做自己。築夢、追夢，靠的是養分，你有多少底子就能展現出多大的實力，沒有一步登天，得靠逐年積累以及閱歷。所以，**與其將一生賭在與他人瞎混或攪和，自燃人在下班時間更是會不斷地增長實力，以備不時之需。**

別人走過的路，我不輕易跟隨；他人的成功或好運氣，不見得我也能同樣拷貝！唯一能確信的是，一旦自己確立了夢想軌跡，自燃人就會按部就班的逐一實踐，即使是一場漫長的拉力賽，也有看到終點的一天。

＊＊＊

Joe 剛從日本鹿兒島登山回來，她分享了那一段歷經 12 小時的難忘過程。

「你知道嗎？那座山非常垂直陡峭，石階又十分窄小，走起來必需要像是小碎步般……真要戰戰兢兢的；而且，日本人爬山都好安靜，只專注於眼前目標，根本無法分心其他的。」

「要是我，應該只敢看腳下走得這段路，根本不敢往下看，因為會腿軟；也不敢往上看，怕萌生退意！」

「是啊！所以，當下我真的只專注腳下走的每一步路，因為我只有一個信念，就是「攻項」；當我覺得快要走不動的時候，想想心中的那片登高美景，就又會不自覺得推著自己繼續往前邁進。終於在歷經 12 小時的艱辛後，攻頂的那一刻，壯麗開潤的景色在眼前展開時，我內心真的激動不已，那感覺至今久久不散。」Joe 慷慨激昂地說著。

的確，儘管環境再惡劣、人心再險惡，雷達也不斷警示你：「威脅就在身邊。」但為了夢想，你已沒有太多時間去掙扎、去浪費，你唯一能做就是任勞任怨的走一條無悔的路。

夢想，是現實生活裡的希望與曙光。有人說：「走在夢想的路上，跪著也要把它走完！」的確，夢想和現實絕對不是兩條平行線，只要有心、有方法，一定能走到交叉點。

為青教戰攻略：

1. **成功的職場人，不僅要成為一個企業可以培養、訓練為可用人才的可燃人，更要開始進化成為積極主動、充滿熱情與能量，企業最愛的自燃人。**
2. **一旦心中的願景展開，即使困難重重，也要堅持走到最後；即使失敗，也不留遺憾。**

◆ 職場亂世中之獨孤九劍

完勝心法

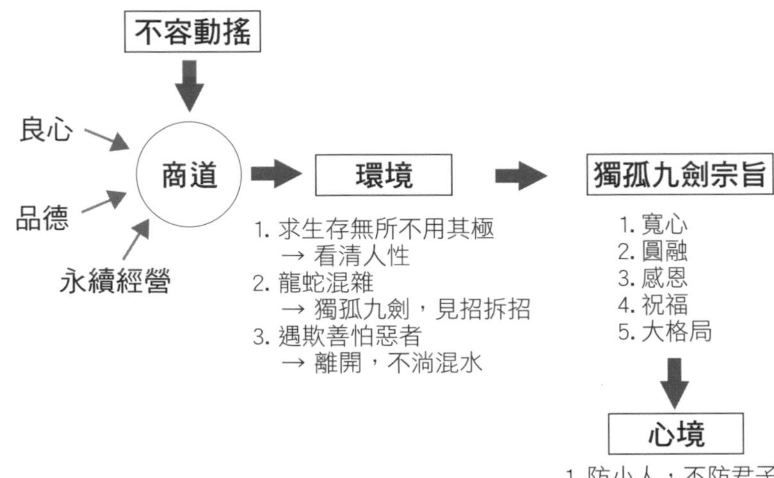

獨孤九劍是金庸小說《笑傲江湖》裡的劍法，可依照不同迎戰的兵器，產生九種不同的對招方式，其精髓在於完全因應對手來決定如何出招。

面對變局，見招拆招

不論職場、商場，有人的地方自然就有江湖。有人喜歡你、有人討厭你，管你什麼派系、謠言、偏見都不重要，或許是你的才華、鋒芒讓他倍感威脅；也可能就只是因為你的長相讓他不順眼，所以很抱歉，你就是入不了他的眼。

不同環境，總會遇到莫名其妙讓你好氣又好笑的人，但只要**掌握大方向：不當濫好人，也不輕易樹立敵人。**因為社會的運行，「人的應對」這一區塊，本就沒有一定的答案。

出社會的這幾年，也一直持續地在商場、職場進出遊走，讓我對於「人性」重新有了更深一層的認識。人性果然是醜陋的，即使刻意的隱藏，仍總在不經意時原形畢露。

「你幹嘛還刻意拉我去拍照？我就是懶得跟他拍照，還叫我去？看他的樣子我就一肚子火。」陳董從飯店走出來，一股腦的吐出不快。

他會這麼生氣也不是沒有原因。在今晚的聯合餐敘裡，其中一位鼎鼎大名的社員過去曾和他有瑜亮情結，幾年前他們還曾一起合夥做生意，結果竟遭這位社員掏空公司內部資產，害得公司提請清算。對此陳董一直耿耿於懷。

由於他們都身處同個社團，加上這位社員是檯面上能夠呼風喚雨的人，所以陳董在公開場合上仍舊能保持風度、展現企業主的氣度，但心裡對於那社員「掏空公司」一事卻依然無法釋懷，他經常在不經意間跟我提及這段往事並厲聲斥責。

「唉喲，陳董，你就算了吧！就當放過你自己，那些錢就當作是繳稅。」我試著安撫。

「不，這事關商業道德，有些人活到這把年紀了，沒有道德感就算了，還敢作威作福的，真是讓人看不下去。」

「放心，這種人總有一天會自食惡果的！但你若是再拿他的過失來懲罰自己，或影響情緒，才真的不值得呢！」我好言相勸著。

「耶，老弟，你說得挺有道理的，好吧！聽你勸，下回再看到他就把他當空氣，不然就虛偽以待好了。」陳董總算又恢復了爽朗的笑容。

每一次的困境，都是一次次自我內在力量的強化，慢慢地你就會具備強大的意志力，未來無論遇到任何的困境、鬧劇，都能提得起、放得下，還能適時因應當下狀況，見招拆招，即使偶爾戴上假面具，也不失氣度與風雅。

感恩人生路上的每一段風景

談到「錢」，往往是最傷感情的，商場上更甚！對大多數的人來說，即使嘴巴雖說要放下，但仍是件難以說忘就忘的痛。

如同前面提及的陳董，被合夥人倒了將近八百萬，雖然早已不追究，但每回餐會上，陳董只要一見到那位社員就又往事上心頭，仍會私底下叨唸幾句，尤其，當他看見那位社員毫無悔過之心，偶爾還面露：「嘿嘿，我是倒了你八百萬，但又如何？我還不是依舊活得好好的，還和你站在同一個社團裡呢！」他心裡就氣得牙癢癢的，當然，這些都是陳董自己的解讀，對方的真實想法就不得而知了。

但無論陳董的解讀是對是錯，「人性」的確是一種考驗！我們會在不同的時空、階段裡遇到不同的人，或許你都依著本心相待，但卻不見得都能得到同樣的真心以待。

以我自己的例子來說，從初入職場人人口中的「濫好人」，一路到現在看盡職場百態後，已懂得用不同的態度去應對不同的環境與人際關係，才不致讓自己一路走來總是不停地受傷與無所適從，那麼的玻璃心了。

我堅信：一個巴掌拍不響，我們愈是虛心受教、寬心不計較，自然小人也感到無趣；同時，要心懷感恩，感恩每一段的人生風景，不論是喜歡你的、支持你的；討厭你的、忌妒你的……他們都讓你知道，原來自己是有實力、有戰鬥力的。

金庸在小說「笑傲江湖」裡的「獨孤九劍」，劍式變化多端，可以依照迎戰兵器的不同，產生不同的對招方式；人亦該如此，也該在應對進退裡學會獨孤九劍。尤其在瞬息萬變的職場生態裡，遇見不同的賤招、狠招、陰招……都在所難免，唯有見招拆招，不必同流合污、也不需翻臉無情，便能保護自己，也不樹立敵人。

為青教戰攻略：

1. 人心隔肚皮，面對變局，見招拆招，才能小人退散，不被情緒勒索。
2. 面具，在職場上不一定是虛偽的，有時反而是必要的！

◆ 人生只有一次

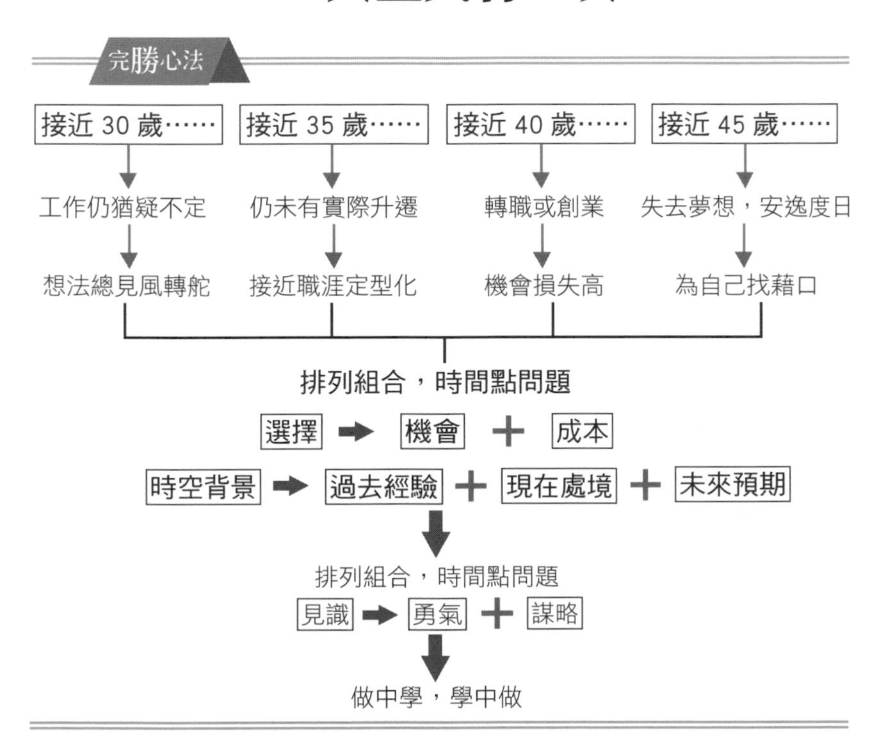

看似又長又慢的人生，但其實也就是一晃眼罷了！人生路上，職場占了很大的比重，所以職場若不精彩，人生是否就黯然失色了？於是，有人想：「若待在原地無法大放異彩，不如放手一搏，走出去也許會有意外的收穫。」

舊愛還是最美？

「明明在公司的位置都還沒有坐熱，為什麼每天都有人想離職，或嚷著想轉換跑道？」李副總把我叫進辦公室劈頭就問。

「很正常吧！往往我們看到別的環境好，就會心生羨慕，然後起驛動的心，」我老實的回答。「再加上自以為待在原來的跑道就能夠順利起飛，殊不知，有時會因無法預測或突如其來的各種干擾而動彈不得，所以才會想換跑道。」

「很好，繼續說。」李副總一副看你還能說出什麼道理的樣子。

「還有，例如：內外環境的對比。外面已經是成功的案例；而裡面還需時間等待。當然人們自然會不斷往外面的風景看呀！」

「所以，你也想過離職囉？」李副總冷不防的丟出了問題給我。

我愣了一下，迅速回神，以冷靜並禮貌的口氣問：「副總，請問這是您第一份工作嗎？我記得您上次說過，您年輕時做過光電業、貿易，也做過金融業。」

「嗯⋯⋯算你厲害。」

（呼～總算有驚無險的結束了這場對話。）

人，總是這樣，吃碗內看碗外，事情只看到結果面，羨慕別人的位置、待遇、成就以及所擁有的……但不知在這中間的過程，別人的付出也許比你想像得更多；或是為了要得到這些而付出了許多你看不到的代價。另外，要成就一件事，是需要天時地利的配合，一樣的事情換你來做，不見得能有同樣的結果。所以，別總是自怨自艾，成功沒有那麼容易，不是只靠天賦、運氣就可以，更多的是要不斷自我精進並吃苦耐勞，一步一腳印。

許多人單方面看到別人成功，然後就憑著一股衝動，毅然離職、跳槽，等到真的如願以償去到了自以為的仙境，才發現原來都一樣，甚至還更糟糕。

所以，野花，不見得比家花香，一味地羨慕、比較，最後可能發現，還是舊愛最美呀！

安於現狀？還是揭開起義？

想離職！想跳槽！想創業！

這一切皆是因為不滿足於現狀，雖然能勉強接受，但還想追求更好的。尤其看到別人有的，一再比較之下，於是念想就出現了，想像別人能做的，我興許也可以。然而，有一天你發現「想像」與「執行」無法連上線時，便又打消念頭開始說服自己，其實現況也不差啊！即使周圍的夥伴仍不斷地在批評公司殘缺的制度、八卦機車主管……你仍繼續催眠自己、說服自己，現狀還可以，現狀還可以……從此按兵不動，安於現況，日復一日的任公司或主管壓榨。

人生，看似很長很遠，但其實也就是一晃眼，你怎麼捨得終其一生就這麼庸庸碌碌。人在有限之年，若沒能有一番作為，實屬可惜！雖然，不見得非從年輕一開始，但肯定不是放在年老力衰時的最後才恍然大悟、才揭竿起義，到時一切可能都為時已晚。**你得在這只有一次的人生機會裡，放膽一試追求自己所喜之事**，不論是轉職也好，創業也罷，當時機成熟時，都別輕易放棄難得的人生機會。

＊＊＊

我一位因工作而熟識的老大哥——耀哥，在五十八歲時，因為身體狀況之故，無奈的從科技業提早退休。雖然當時他走路已經一跛一跛的，但仍堅持退而不休，執意和一群年輕人合作創業，職場人生從頭開始。

我問他，那麼拚幹嘛？耀哥回答我：「就算我現在七十歲了，只要我手腳健全，我仍會做這樣的選擇，不然要幹嘛？等死嗎？」

聽完耀哥的回答，我打從心底佩服！

「也許，旁人會覺得我是自討苦吃，因為一切都要從頭開始，更要學習新的事物，但對我來說，只要我自己不怕辛苦，從做中學，學中做，一步步累積，一定能夠突破現在的窘境的；更何況，還有一群年輕人陪著我一起呢！我現在可是幹勁十足，小夥子，等著看我東山再起吧！」

看著自信滿滿的耀哥，頓時覺得他身後彷彿正閃耀著一道金光。

人生很快，你若不思變，時間一溜煙的就過了，你的薪水、職位只能在那邊慢慢爬；人生很慢，雖有足夠的時間讓你思考如何走下去，但蹉跎太可惜！

總之，人生只有一次，人生也無法重來，無論是要留在原地等待時機，或是壯士斷腕揭竿起義，只要你想清楚了無論什麼結果都能承擔，就別虛度了這只有一次的人生吧！

為青教戰攻略：

1. **別只看著外面的世界好；不用羨慕別人的職場待遇，其實到哪裡都一樣，事業成就，都是在對的時間以及對的人，才能擁有。**
2. **不見得要在商場見過大風大浪才叫有見識！所謂見識，是清楚了解自己想做的事物的本質、動機、目的，你不忘初衷的努力追尋。**

◆ 下班才是全力衝刺的開始

完勝心法

加班可能是在浪費生命

		過程		結果
努力加班	➡	1. 可能獲得主管讚賞 2. 只在本業裡學習 3. 自以為的充實人生 4. 得到加班費補償	➡	過勞工作狂 平庸上班族 窮忙度日 失去生活／家庭／健康
準時下班	➡	1. 精準掌握時間 2. 多方學習 3. 拓展視野與人脈 4. 破碎段運用 5. 追尋夢想人生	➡	有效率 工作選擇性更多／發展更好 精彩人生 更加專注 財富自由

上班時間是老闆的；下班時間是自己的，你是要繼續為他人賣命過勞？還是好好利用，完成更多自己的人生夢想？

善用下班後的黃金四小時，你可以得到更多

許多的上班族在進入職場一段時間之後，幾乎都忘了我們是為了生活而工作，而不是為了工作而生活，常常本末倒置造成慣性加班，漸漸沒有了生活品質。但您知道嗎？若你也是這樣的高度加班過勞者，為了更美好的將來，從現在開始改變吧！奪回下班後的黃金四小時，因為，即使你為公司付出再多，老闆也不會為你的未來負責，能夠掌握未來的，只有靠你自己。

掌握下班黃金四小時，你可以這麼做：

一、提高上班時的工作效率，做好精準的時間管理

加班，有過半的原因是自己造成的！你若是總抱著：「反正做不完，今晚就加班吧！」的心態，就會形成在八小時的正常上班工時後，又有一個彈性時間，於是理所當然的就造成了一個惰性循環，加班、加班，永遠做不完。

同事 Tina 抱怨說，她每天都很累，因為幾乎每天都要加班，最早晚上八點半才能下班，有時甚至更晚。於是，我刻意觀察了 Tina 一陣子，我發現她經常在下午兩點過後熱心的揪下午茶，幫大家訂飲料、點心……大約五點過後她會再休息一下，吃點輕食，當然中間的時間也不時會和同事八卦閒聊一下。

有一天，Tina 又加班了，我問她為什麼總是加班？

「沒辦法啊！事情就都做不完。」她哀怨的說。

「妳白天上班的時間都這麼忙？」我只是想拼湊她看似認真的坐在位置上工作，但為什麼卻與她的產值有這麼大的落差。

「唉喲，早上一進公司，腦子根本都還沒醒，很難集中精神工作，我也沒辦法啊！只好利用下班時間繼續做。」Tina 理所當然的回答我。

與其沒效率的慣性加班，不如精準的做好時間管理，當然也會有特例。以我自己為例，當遇到在工作時間處理不完的事情時，我會先評估判斷，若這非當務之急，或是需要更多時間周詳的思考，那麼我會選擇立即關上電腦，不加班，明天再處理；但若真是業務過量，一定要提出討論，而不是做死做活，犧牲自己。

二、為下班時間安排精彩豐富的行程

詹董的胃不太好，中年後陸續因為胃出血、急性胃炎……而開刀。每當他的胃開始不舒服的時候，他就會感慨：「唉，如果可以再來一次，我年輕時就不會這麼誇張的為工作拚命，而丟了健康工作，到現在這把年紀了，錢賺的再多，也買不回健康了。」

「詹董，往好處想，你現在發達了，躺著都能領公司股利。」我安慰他。

「小老弟，你知道嗎？那些都是我用婚姻、家庭、健康換來的啊！」詹董不勝唏噓。

有事業心、想一展抱負是好事，但做到死，老闆不一定看得見，也不一定會許你一個未來，甚至還認為理所當然。所以，**與其將全部的時間拿來成就別人，不如把下班後的自主權拿回來，好好善用黃金四小時，為自己往後的人生多鋪一點路。**

下班後要做什麼才能讓自己得到更多呢？以我自己為例，我將它分配至三大區塊裡：

1. 精進：包含健身、社交、上課……所有能讓我自己在各方面精進的項目都涵蓋在其中。

2. 閱讀：保持閱讀習慣是培養思考力以及激發腦力、創意很有效的方式；內容則是選擇自己有興趣或是對未來有幫助的主題，例如：國際時勢、商業投資、金融局勢等等。

3. 內省：我習慣在睡前一邊聽著輕音樂，一邊冥想，除了對一天做出檢討之外，也真誠的去感恩或是反省。

就這樣，我善用下班的黃金時間，現在不僅讓我脫離了為他人打工的行列，也真實現了我創業的夢想。

總之，**工作只是生活裡的一部分，千萬不能讓它變成生命所有。**

三、學習適時確切的拒絕說「不」

上天是公平的，祂給每個人的時間一樣，都是二十四小時。既然大家的起跑線都一樣，為何有些人跑得快，有些卻落後別人一大半呢？

「把時間用在對的事情上」是很大的原因之一。若把時間花在沒有太大成效，好比沒有意義的加班，只為了讓主管覺得你夠認真、願意犧牲或表現對公司的認同感，那真的是太浪費生命了。為了能為自己做更多，過分的無理要求或過多的工作量，請適切的誠懇拒絕，別為了慣老闆，而賠上自己的未來。

工作要有成就感，不是用時間來換；表現對公司的熱誠，也不是靠加班，請把時間用在對的地方，不虛度上班時間，也不浪費下班時光，善用下班黃金四小時，不僅能讓你的效率UP、工作壓力變少、人緣變好、生活滿意度提高……更重要的是還能拉開你和別人的差距，離成功更靠近。

為青教戰攻略：

1. **上班為老闆賣命；下班要為自己拚命。**
2. **掌握下班黃金時間，你要做好這三件事：規劃上班時的時間管理、妥善安排下班時間、對不合理的要求和工作量 Say "No"。**

◆ 戒慎恐懼突如其來的美好

完勝心法

職場承諾
商場合作
大人讚賞

因此而產生的美好憧憬，
99% 是「話唬爛」

反向思維

1. 看起來好不一定真好
2. 得到我幸；失去我命

沒到手，一切都是大話；利誘>真心真意

布局：接受任務	最大努力 互信互利	資源傾囊而出 和顏悅色	檯面上	退場：全身而退
	自保打算 居安思危	留一手 察言觀色	檯面下	

現在太過安逸，容易增加日後挫敗的風險，即使身處美好光景裡，也要留個後路，別把所有的好運氣在一時間全用盡。

沒有一諾千金這回事

好友曉梅在一次的聚餐裡興奮地跟我說，有一天她們公司的總經理突然問她的薪水，曉梅告知之後，那總經理便喃喃自語說：「太少了，我再幫妳調調，加加薪。」曉梅聽了很是開心。沒多久，有一天，總經理的司機又突然神神祕祕的跑去跟曉梅咬耳朵：「耶，偷偷告訴妳，昨天老總在車上講電話提到妳，說有件差事要找妳接下來，若妳好好幹，日後內定升妳上去……」就這麼巧，當天晚上曉梅和總經理的老婆約了要一起晚餐，她老婆也說：「老總跟我透露過了，未來那個位子就是妳的了！」雖然感覺像是不經意提起，但言語間充滿了肯定。於是，曉梅就開始天天期待他們說的那些改變。但據我所知，目前還沒有一項承諾實現，可曉梅已經更努力的為公司賣命，聽說每一天都搞到七晚八晚的才下班，甚至連假日還進公司繼續拚命呢！

你看，這接二連三的……像不像極了「三人成虎」？連我都聽得是內心澎湃、充滿期待，更何況曉梅本人。然而，隨著我在職場歷練了好長的一段時間之後，對於這些隨口說說的「場面話」或空穴來風，已漸漸懂得聽聽就好，認真的人就輸了，就會受傷了。

＊＊＊

職場的上下關係是這樣；地位平等的創業合作模式亦是如

此。

L君發現一個國外新興商品對於未來的電子穿戴應用很有幫助，若是引進一定能有市場。但礙於這家製造商是相當具有規模的公司，光憑L君一人的資金，根本無法負荷產品採購的最低數量，於是L君找了熟識的老大哥——賴董商討合作的可能性。

賴董聽了L君的分析之後，雙方一拍即合，很阿莎力的便將這產品納進了自己公司的業務裡，並同意彼此各占一半的成本與利潤。

很快地產品引進上市一段時間之後，確實在市場上引起了效應，感覺似是也帶進了一些利潤，L君一心認為只要財務報表出來了，利潤自然就分到手上來了。然而，L居非但沒有看到事前說好的透明財報報表，一再催促賴董，賴董也總以忙碌、，再等等或沒時間處理來拖延。直至有一天，賴董在拗不過他一再追問之下才說：「這項合作可能會隨時終止，因為反應不如預期，加上成本過高、人事廣告費用也大……所以一直處於賠錢的狀態，你得開始為自己想退路了。」

L君根本無法相信，當時一股熱忱對賴董深信不疑、推心置腹的，以為光明的未來就在不遠處，沒想到，分不到利潤就罷了，竟還血本無歸！合作之初，信誓旦旦的「每季、每半年或每年分紅一次，財務報表一定透明、清楚……」猶言在耳，對方說得口沫橫飛，自己聽得如癡如醉，結果卻是如夢一場。

Ｌ君在跟我敘述這件事的時候，感覺仍是不太真實，他說很難相信平日對他照顧有加的老大哥，竟也是如此會呼嚨的人，那可是他的全部啊！

我看著Ｌ君一副落寞的模樣，我心裡想：「他應該也沒為自己留任何退路吧！」

多留一手，別把好牌一次打盡

職場上最可怕的還有一件事，就是公親變事主。明明是一大夥人八卦閒聊，隔天傳出去的版本卻全都變了樣，甚至箭頭全指向你一人，硬生生揹了個大黑鍋，還可能怎麼死的都不知道。

剛入社會那幾年，我總懷著真心誠意的初心待人，所以很容易就掏心掏肺，三兩下內心話就能傾瀉而出，包括在商場上的談判亦是。直到後來，才發現這樣的個性只會讓自己不斷的吃虧，無論是明著或暗著來的；甚至也常常因為年紀輕，讓別人覺得可以隨便唬嚨。終於有一天我清醒了，我便開始改變自己。

談合作時，不再一次就把底牌掀出給對方看，我懂得開始布局，從點到線，最後才帶出整個面，不到最後不亮底牌，特別是當我遇上所謂的商場老狐狸時，更是小心翼翼。

被騙一次是天真，被騙二次是單純，被騙三次就是自己太蠢！

＊＊＊

古人有云：「居安思危」，用在現代職場也非常貼切。

當你只是一個打工仔，每天上班朝九晚六，下班唱歌喝酒……每個月薪水準時領，感覺這樣的安逸看起來好像沒有什麼不好。但你有沒有想過，若是哪一天公司無預警的裁員、倒閉，或是人事異動……你的退路在哪裡？

當一切都太風平浪靜時，更要有危機意識，任何事情我們當然都祈禱有好的結果，但世事難料，我們永遠無法知道下一步會有什麼樣的機緣湊巧，所以，不論你是打工還是創業，**做任何事都要為自己留一手、留一條後路，別一次就掀底牌，也別一次就把一手好牌都打盡。**

職場菜鳥攻略：

1.「人言未必真，聽言聽三分」，不論職場或商場，對人對事都要保持高度的警覺心，勿全然聽進或相信，否則受傷害的只有自己。
2. 人算不如天算，即使身處安逸，也要居安思危，為自己備好一條退路。

第五章　回歸初心，找回最好的你

當你披星戴月、汲汲營營往成功的職涯前進時，
是否也曾經在十字路口上徘徊、掙扎？
切記：無論如何，正道的目標即使比較遠，卻是你唯一該走的路！

◆ 九勝一敗的起落人生

完勝心法

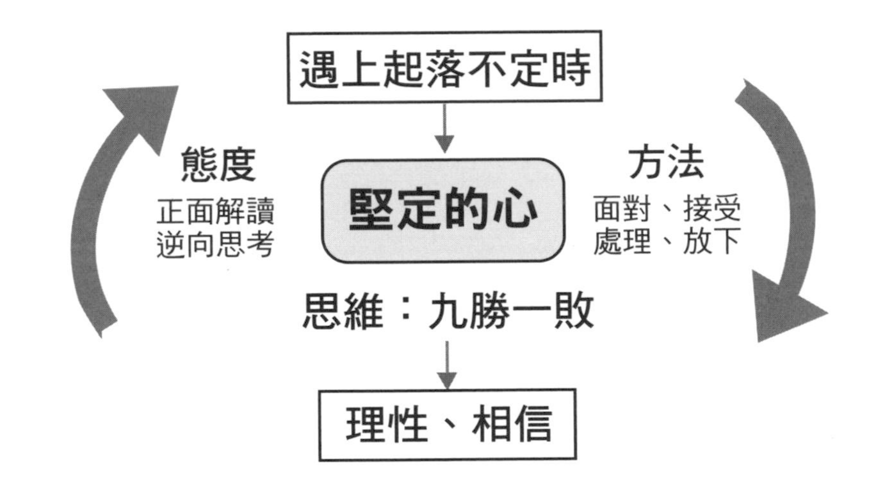

生命的精彩在於一種未知的希望。

時常我們參考了許多經驗、沙盤推演，總認為至少有十足把握的機率，卻因為有太多不可掌控的因素存在，好比環境、人、事物的干擾等，於是，事與願違。想像，經常與現實不符。

正面解讀，逆向思考

對於狼性商戰家而言，追求的是九敗一勝。

「什麼？八百萬！」我驚訝地心臟差點從嘴巴裡跳出來。

「Jack，沒什麼，人生嘛！看開一點。我現在每天都在研究怎麼煎牛排。」蕭董一派輕鬆地像是在說別人的事情一般。

蕭董剛從越南回國，他經營的是國際三角貿易。他曾一年虧損五百萬；也曾因空運抵港，卻被倒債一千萬，索性把食材送給當地貧苦村民；然而，他也不小心一年間賺進三千萬。他正值壯年，三十八歲即擁有十四輛超跑；但也曾一跌，便將超跑轉賣變現。這次，他又再次因為貨物到港，買主反悔，倒債八百萬。

我佩服蕭董的不在於心臟能夠承受如此激烈的波動，這比起操作股票槓桿、當沖都沒這麼刺激；而是在我面前，他被倒債同時，依舊若無其事，淡淡抽著他的菸。

「你有妻子、小孩，壓力不會很大嗎？」我好奇問著。

「不會啊！只要做好風險評估，其他就是上天給你的勇氣，要你去闖。趁現在中年還可以這樣搞，要是老了，那才是危險。」蕭董看著遠方大稻埕碼頭。

對於安穩求職家而言，追求九勝一敗。相較之下，若人生是可預期的，似乎也變得平凡無奇。

＊＊＊

「弟，姊最近有點煩躁。總公司緊急通知，三天後要把我調去偏遠的據點。」慧姐見我劈頭就抱怨。

「這麼臨時，是升官，還是用完就丟？」我也毫不修飾地丟出疑問。

這是某個產業的陋習，為了顧及自家門市的門面好看，年輕、活力、貌美方能出頭，老臣即使是幹到後臺主管職，也在達到內部潛規則時，會刻意把你調去十萬八千里的偏遠地帶；入骨來說，即是公司擺明告訴你：「快識相的辦退休，這裡需要內外兼具的新秀，你的外貌已經達到被淘汰標準。」

「姊都快六十了，升是要升到哪裡？天堂嗎？」

「賓果，我就說嘛！這是公司讓員工可以早點享受，到處遊山玩水，吃吃美食。」我請慧姊這樣解讀，或許心情會暫時平復些。

在慧姊的解讀裡，這突如其來的變卦，以及預設的未來結果，無非是一個「逆境」。那麼，慧姊得如何轉化為一場「順境」看待呢？

順境、逆境交織著日常生活，人生不可能一帆風順全在自我的掌握當中，因為還會有環境、這些人、那些事的干擾。

基本上每件事物都會有一體兩面，好與壞，如同人的緣份，有善緣、孽緣。但透過外部顯現的評價，也許只會有一種，因為那是主觀的認定。例如：外派到國外歷練好嗎？薪資、福利條件優渥，對你而言，你認為比現狀預期要再好些，所以外部顯現的訊息透過自我解讀是件好事；對於他人，因為距離遙遠，加上孩子年幼得照顧，所以外部訊息經由自我的判讀，答案可能不見得具有吸引力。

但如果，這是公司規範，是明定未來晉升的強迫條件呢？

因此，**對於人生的大小事，我們遇上了，就是一種「緣份」，當下不見得知道好與壞，但未來的方向會指引著答案。**唯有持續正面的解讀，另一方面反向思考，達到正反兩面在內心的調和。

不管你面臨的困境是大或小，是突如其來，或是早有設想，你得感謝順緣的幫助，也感謝逆境帶來的訓練，不需要過度悲觀。因為「正面的想法」足夠讓你的心境克服萬難，同時也務實的從逆向去思考，最壞的打算是什麼？想一想，其實你一點都不差，雖然被關了一道門，但卻還有許多扇窗，等著被你推開。陽光，一直都存在！

未雨綢繆的準備；再接再厲的相信

人生有如航海，肯定不會是一帆風順。波濤左右你的喜怒哀樂，影響你的航程、阻隢你順利前進，但若是沒有這些大小的波段，一開始就深信能夠被預期的未來，不就也少了一些精彩嗎？

每一段際遇、每一個緣分，遇上了，都是我們在過去就準備好的了；這準備也包含你假使有天面臨失去了，該如何應對。一切是公平的，怎麼來，怎麼去，有捨，才有得。

難過可以一天，但航海的旅途上，要霸氣的乘風破浪，得先忘卻感性的煩惱，用理性的心去應對。

所謂理性，即是你願意面對，而非逃避；你願意接受，而非自暴自棄、全部放棄；你願意處理，而非讓人忘記；你願意放下，而非執著記憶。最後，你依然看著藍天白雲，那不是浮生若夢，短暫的虛幻，那是你依然相信，最壞的都已經過去。

為青教戰攻略：

1. 若人生路走得如心電圖般一直線……可惜了點！九敗一勝的際遇才是揮灑青春、色彩的旅途。

2. 只要心態正面、堅強，任何人生問題，將不是大問題。

◆ 不帶意圖的行善最好

完勝心法

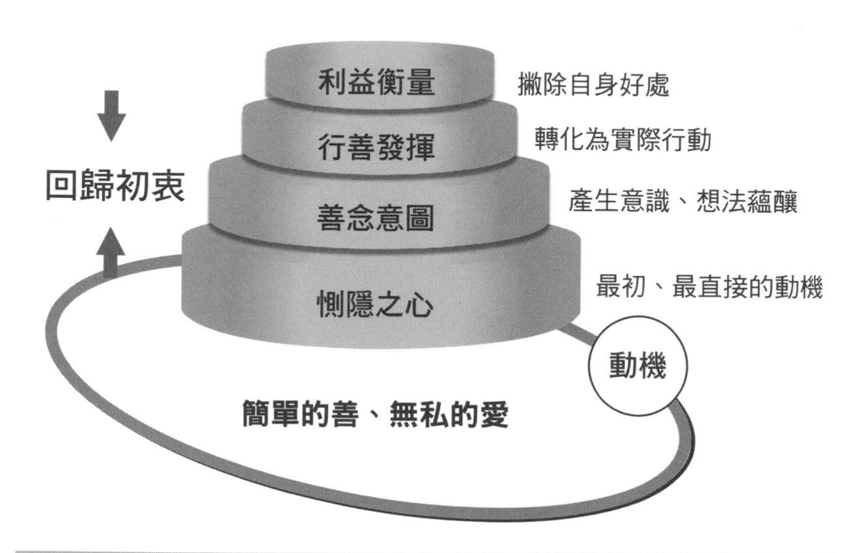

社會上，有兩種人會做善事：

一種是真心奉獻、無怨無悔，內心悲天憫人。雖然能力不大，但足夠幫助社會弱勢，不計較任何得失，自然也擁有為善最簡單的出發點；另一種是懷有其他目的，例如：博取好名聲、做生意、人脈交際……不論是哪一種，皆有其「動機」。

行善布施，是最動人的愛

「建興，你月底會下臺東嗎？能否幫我把幾箱物資帶去。」游董得知近日我將前往臺東做志工，打了電話給我。

「物資？」我充滿著疑惑。

「對，我每年都會捐助協會物資，和給小朋友一些禮物。」游董跟我說明著。

游董是一個連鎖加盟店的加盟主，擁有好幾間店面，經常帶著一家子參與公益活動。總是默默付出的他，低調的說：「我們可以幫忙就盡量幫，有錢出錢、有力出力，最重要是，不需要求得任何回報……」

是啊！助人為善，當你有能力足夠溫暖他人，其實自己也會充滿幸福感。

「游董，你算是我看過最真心奉獻，不求回報的人了！」

「喂！不然你告訴我，做善事是還有在想有沒有好處才要做的哦？」游董率性地回答我。

游董捐送的協會是一間收容智能稍微有些障礙，或是從小被遺棄、家暴、重大變故的孩子及成人。有幾次我因緣際會地前往，儘管收容的大小朋友在肢體語言、表達、行動上和常人不太一樣，背後也都有段令人不捨的過去，但他們的心澄澈無比，依然每天保持樂觀開朗，專注學習在每一件事物上。

「我……今……天早上……去做……便當哦！」口吃的阿德興奮地跟我說。

「真的哦！哇！你好棒！會做便當，我都只會吃便當而已。」我真心的讚賞。

「嗨，你好……」一旁的甜甜因為小兒麻痺的關係，行動有些遲緩。

「對……那……個……還有……要點……餐。」阿德靦腆地抓抓頭髮說著。

他們一早剛從庇護工場回來，排列整齊的走入協會，每一個人臉上都帶著天使般的笑容。

「嗨！」「哈囉！」阿森熱情的向每位朋友打招呼，然後便急急忙忙跑回他的床下拿出收音機，說要跳街舞給大夥兒欣賞。

配合著動感的音樂，阿森節奏感十足的跳著 popping 街舞，融合 freestyle 風格，瞬間吸引在場所有人的目光，每一個人都看得樂不可支！社工說，這孩子對於音律非常敏銳，這些舞蹈全都是自學、自己研究編出來的。

正當我們看得目不轉睛時，阿森突然「定格」當作最後 Ending，這時一位調皮的孩子，冷不防地從背後踢了他屁股一下，逗得在場每個人哄堂大笑。

那天，我看著夕陽，晚霞那紅橙橙的光輝，彷彿上天悲憫的目光，頓時我的心境充滿著感動。這也讓我憶起：在高中、大學很愛搞文青的時期，總喜歡藉由寫作來抒發自己的情懷，也常常會去報社副刊投稿，或參加文學獎比賽。

我印象很深刻：有一次，我的一篇文章被報紙刊登，報社總編發了封 mail 給我，跟我要帳號、資料，表明是要給稿費。剛好在當時，有一個電視臺正在播報一則關懷基金會的活動，要募資捐款給花東區域的孩子，協助他們添購課桌椅、書籍，讓他們可以安心上學……我索性註記幾行字，回信給報社：「請幫我把稿費全寄給花東地區的孩子吧！」雖然數目不多，但當時那股助人的熱誠，至今想起來，內心仍澎派不已。

＊＊＊

《六波羅蜜》中提及：「六度，即是『布施、持戒、忍辱、精進、禪定、般若』。」

從最一開始的「布施」，代表的是與他人快樂，建立良善互動，一個互惠的心靈安頓與提升，利己也利人。最後的「般若」，即是智慧，能夠藉由在過程中的修練，真實的了解每一個事物本質，並且以慈悲心境看待，是真智妙慧。

游董這一路行善的堅持，從未抱持任何一絲一毫的目的，這也是我最為欣賞及最感佩之處。前年，他甚至認領一個公益協會的倉庫，這倉庫位在較為潮濕的山林裡，過去是政府單位報廢的老舊宿舍，長年孳生的蚊蟲叮起來人來毫不留情，他雖貴為一個公司的大老闆，卻主動捲起衣袖，親自下來幫忙清洗、整頓。有時，協會為感謝志工不辭千里迢迢地遠道而來的幫忙與付出，在事後想宴請志工，游董也都婉拒，「我是單純來做事、奉獻，不需要任何回報。」

付出不一定有所收穫，愈是計較行善所帶來的利益、好處，不只起心動念失焦，也會被利益所蒙蔽，對自身的修練更是大打折扣。

保有與生俱來的慈悲與良知，並時時刻刻自我提醒、反省，藉小善的累積成就大善的心境，你會發現，原來這社會的鬥爭、名利的汲取，在人生的某一刻再回首，不過是一場過往雲煙。

行善是善念的行動與顯現，不見得需要大肆捐錢、付出勞力，太過刻意或勉強反而失真了。行善得是發自內心深處，如同潔亮的蒲公英傳遞永恆的愛，隨風揮灑，讓所停留之處，皆是真誠與感動。

為青教戰攻略：

1. 不見得所有的事物都得站在功利視角；不帶目的的善念，才能保持最單純的初衷。
2. 算計，就有目的，就會執著，最後必會帶來失落。

◆ 做人何苦

完勝心法

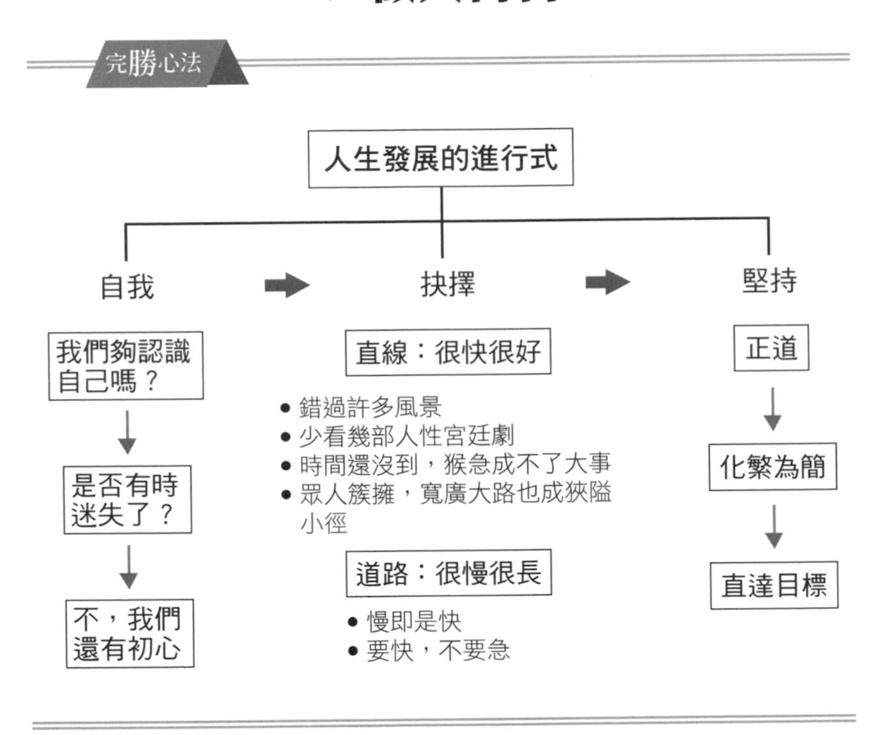

簡單的遠路比較好，還是複雜的近路？換走人生的直達捷徑，是省力效率，還是遺漏風景？

重拾初心

「今天，我們作業主管要我核銷費用，那些費用竟然有包含她個人消費項目，要我刻意變更……」Nick 向我們吐露職場苦水。

「正常啊！我還沒創業前，跟到的主管也是遊走灰色地帶。」Yvonne 心有戚戚焉 ，「你們這些還小 case 呢！我還曾聽說過一個故事：在二十幾年前制度比較沒這麼嚴謹時，一位是某金控總行高層；一位是從事機電相關零組件供應商。那位高層挪用公司資金，幫助供應商的這位同學在大陸拓展事業。最後，鉅額款項當然是有回補進來，還額外贈送了三袋的高爾夫球袋，裡頭是滿滿的現鈔。現在，Nick 你可是進退兩難啊！一邊是威權脅迫，叫做工作；一邊是純善良心，叫本性。」

「哇！煎熬了！你現在只能祈求不要出任何紕漏，不然，說不定你也得負連帶責任呢！」我善意提醒這類似整串肉粽般的共犯結構。

以上的場景與對話，你可能再熟悉不過了；更甚者，有過之而無不及！

「怎麼職場生態與我們當初想像得很不一樣！到底我該跟著形勢走，還是，維持初衷？」相信許多人都曾經有過這樣的掙扎。

的確，有時候我們明知做的事處於灰色地帶或非正途，但為求自保或礙於前途發展，當下只能拋棄初心，選擇睜一隻眼、閉一隻眼的配合或同流，然後為了逃避自身的責任，便將所有的過錯完全推托、歸咎給別人。

但，這樣的不得已，就真的能夠免責嗎？

我的經驗告訴我，**偏離正道，幾乎都沒有好下場，也許你現在看不到，但未來失去的絕對比你預期的多更多。**

初心，總在我們出了社會、離了家後，變得愈來愈陌生。不論是否你是自願還是迫於無奈，以致於我們在後來的理想、欲望相互衝撞抵觸或產生矛盾的當下，偶爾會在暗夜裡想起：「啊！原來過去的我，是這麼充滿熱情，想法是這麼單純……」而如今，卻只能在心裡留下一聲長嘆。

＊＊＊

人，有的時候就是這樣，為了生存，在經過不斷地社會化、利益競爭之下，當有一天功成名就了，或是飛上枝頭，甚至為人父母之後，反而與「單純」變得陌生了。然後又會在突然的某一瞬間，也許是重重地摔了一跤；也許是痛失了某個至寶……才會大澈大悟。於是思緒開始倒帶，懷念起那個一開始與世無爭的自己，繼而想找回原來最單純的那份初心。

但，怎麼找回初心？

只要有心，或許可以先從認識「真實的自己」開始：

比較過去與此刻的你，改變了什麼？這些改變是否曾經不被你認同？

又或者，你期待過什麼？當期待實現的時候，是否真如你當初所預期的這般那樣。

現在的選擇與結果，是你想要的嗎？還是不得已、被迫？後悔嗎？

唯有這樣的痛定思痛，真實地審視自省，召回內心過去那顆熟悉炙熱的小宇宙，才能真正發心的重拾初衷，因為外面的環境一點都由不得我們，能夠掌握的只有「自己」。

做人，真的不用那麼辛苦！找回初心，真的一點都不難，不要找藉口，除非你選擇將初心埋入塵土。只要你願意、只要你有強烈的渴望，都能讓內心那顆已經脫離運行的炙熱小宇宙，重回正軌。

秉持正道，才是王道

人在江湖飄，哪有不挨刀！有時候人的改變，不見得是自願，即使你想獨善其身或潔身自愛，但麻煩總是不請自來，一點都由不得你。

「現在莫名其妙的人真不少，連我的工作坊都會有人來找麻煩，開放的店面就更不用說了。」Yvonne 無奈地抱怨。

「我們家主管也是啊！非得把簡單的事情搞複雜，不斷地算計，動不動找我們下面人的麻煩，活像宮廷劇裡的宮鬥戲，真受不了。何必呢？做人就不能簡單一點嗎？」Nick 的職場也是精彩萬分。

聽了朋友們的苦水之後，我忍不住問：「人生若有兩種路可以選擇，你們會選哪一種？一是單純好走的路，但距離比較遠；還是雖然過程複雜，但距離卻近很多的路？」

「有沒有好走的近路可以選啊？」Yvonne 笑著說。其他人也同聲附合。

的確，如果可以，誰不希望可以選擇簡單、好走又走得快的直線人生？但你可能會面臨兩種局面：

一、拚了命的衝刺走到了，卻發現竟不是自己想要的，到頭來不僅白走一遭，也忽略了一路上的種種美好。

二、直線，很近，但滿坑滿谷都是想走近路的人，反而拖慢了速度，也把原本寬廣的路給走窄了。

有時候路程的遠或近不是選擇的重點，算一算人生的光景很長，你一個人走這麼快幹嘛？同時，有時目標的達成或利益的收穫，也不是用速度來評斷，重點是要得心安理得，只要有所疑慮，就絕對不要，符合「正道」，才是王道。

正道，是人生唯一的一條路，不論遠近；而指引你走上這條路的報馬仔，提供一個方向的，不是別人，正是你自己的「初心」。

也許你會說：「初心已經離得太遠太遠了，回不來了。」

錯！不是這樣的，那只是你太久沒有回頭看看它了，以致於它愈走愈遠了，只要你願意，一切都還來得及。

＊＊＊

每一回，我前往北投農禪寺，都會刻意繞到後院，一映入眼簾的是「入慈悲門」四個大字的石碑，一旁觀音手持淨瓶佇立池畔，晶瑩的慈悲露水清透無暇，每每沉溺在那樣的氛圍裡，總讓我瞬間心如止水，頓時平靜地彷彿能將所有的是非紛擾都拋到九霄雲外……而這也再再提醒我，人生在世，唯有選擇正道才是王道，即使這條路簡單但遙遠，仍能不感孤寂，安心地堅持走下去。

另外，也正因為我們不再汲汲營營一心只為追求目標，反而有時間看看沿途風景，或是能偶爾停下來思考、修正，不淪為當局者迷，而有更多地旁觀者清，那麼堅持選擇的這一條路才不會白走一遭呀！

我的朋友 Nick，最終還是拒絕了他主管提出的要求。他說他已為此做了最壞的心理準備，或許會因此而失去這份工作，但他寧願不為這份薪水的短期近利，而讓自己的正道開始脫軌。

的確，就長遠來看，一時的失去工作不見得是句點，只要能堅持初衷，走在正道上，未來得到的絕對會比你現在失去的更多。

為青教戰攻略：

1. 不忘時時回頭拉回「初心」。
2. 做人，只要走在正道上，就不必心機用盡。
3. 即使「正道」離目標的距離比較遠，卻是人生唯一該走的道路。

◆ 十次機會，十一次的失敗

完勝心法

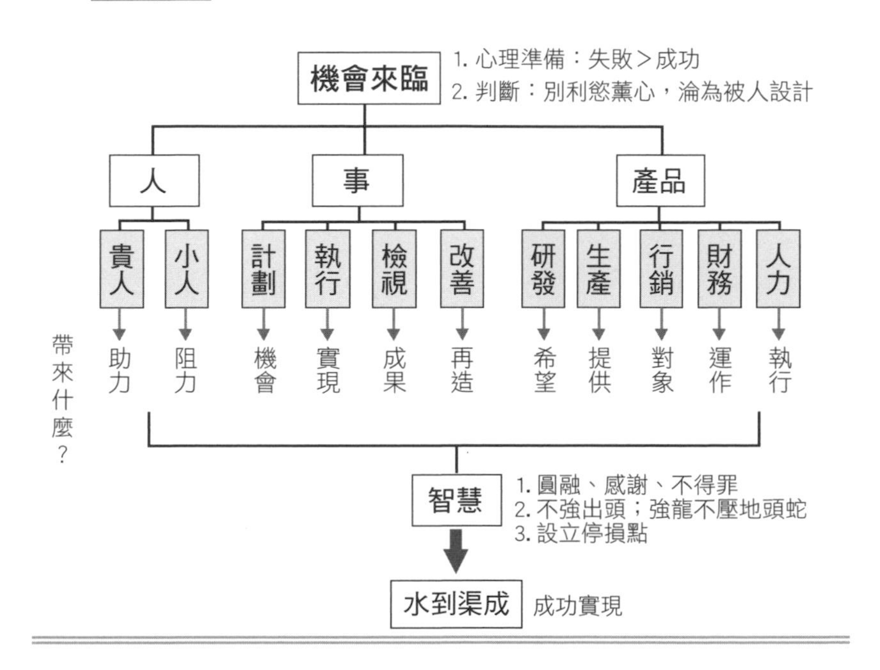

從機會來臨的那一刻開始，就需先做好失敗的準備，因為有很多的「可能」總是在機會裡尋找、看見、錯過，又再次遇見。

大人物的柔軟心

「建興樣，午安，我在電車往關西空港路上，今天回去，後天中午班機再來……」Queen 姐從日本傳來一張風景照片並捎來訊息。

Queen 姐是商場女強人，經營的品牌橫跨多個產業，是一位相當提攜我的長輩；同時，也是讓我知道，唯有提升個人的內涵與知識，才能有優於他人的競爭力的貴人。她鼓勵我要不斷地學習與充實，於是，我開始利用下班時間大量的閱讀，同時加入讀書會。而 Queen 姐也適時地將「盛和塾」引薦我認識，徹底顛覆了我對學習會的認知。

談到「盛和塾」之前，要談談這位創辦人——塾長，也就是日本京瓷、第二電電（KDDI）的創辦人——稻盛和夫先生；大家對他最津津樂道的就是，他在 2010 年日本航空申請破產保護時，以七十八歲高齡出任日航的會長，隔年經營利潤創歷史新高，次年重新上市。

塾長向來提倡以哲學提升心性、並以此法拓展經營，他認為：企業經營命脈需導入哲學理念，不僅要求全體員工都需接受、學習，並對於不論是公司或個人在組織道德感、財務紀律性都嚴格要求與管理，至今日本京瓷公司仍高度保有現金流盈餘。另外，塾長也教導塾生必須謙虛、不驕傲，每日反省、多積善行，思考利他的大義，起心動念皆能回歸良善的本質。

之所以稱稻盛和夫先生為塾長，是因為在 1983 年一群京都地區的青年企業家，成立了一個自主性的學習會，希望能向稻盛和夫先生學習做人應有的人生哲學，以及經營者所應有的經營哲學，於是就稱這個學習會為「盛和塾」，自然的就尊稱稻盛和夫先生為塾長，參與的企業家就稱塾生。「盛和塾」目前在美國、中國、法國、巴西各地皆設有分塾，至今海內外累積塾生達到上萬人。十分容幸，我在 2017 年見習讀書會後，加入盛和塾臺灣分塾，跟著學習經營管理、淬鍊心性。

在盛和塾跟在前輩身旁學習的這一路上，也徹底讓我的眼界、胸懷變得寬廣。我發現，愈是事業有成的大人物，其內心愈是柔軟，除了在外表能感受到他們強烈的成功意志外，言行卻是非常樸質、謙和，總在不經意中能感受他們溫暖的惻隱之心。

每一次都做好失敗的準備

「十次機會，十一次的失敗！」Queen 姐跟我分享她的座右銘。

「的確，不見得我們準備就緒，每一次就都會如我們所願。」我提出想法。

「沒錯，你看我，在商場上這麼久，還是會遇到失敗。所以，做生意時，一定要睜大眼睛，看清楚接近你的人到底有什麼目的，不見得每一個人都是心術良正的。」

「可是，也很難完全去設防，若別人有心要騙你，有時連躲都躲不掉啊！」我語重心長地說出我的心聲。

「所以，只能告誡自己先要以真心去善待每一個人、事、物，期待正道引領我們走向成功。」Queen 姐用這句話鼓勵我。

不論在談判桌上或生意場合裡，我永遠是最年輕的那一個，自然有些老長輩們會趁機卡我油水，空口講著許多冠冕堂皇的大話，或是不斷對我給承諾、畫大餅……但，時間過去，只是證明那一切都只是打打嘴砲，說說而已。這些都曾經讓我很受傷。

但聽了 Queen 姐這一番話，回頭想想，一如像她這樣縱橫商場那麼成功的創業家，儘管資歷深厚、人脈寬廣，仍是一個不小心就落入心術不正的商場騙子的套路裡，詐騙真是防不勝防的；更何況如我這般的商場菜鳥，被騙自是不在話下。

只是，**上一次當，要學一次乖，在每一次的失敗裡，都要有所收穫**，必須要記取教訓。若只是因為被騙，那就學著下回聰明一點；若是因為知識、技能的不足，那就得趕緊學習、補強。

「還有一點很重要！年紀，不能只是增加數字，要的是增長智慧。」Queen 姐拿著餐巾紙，湊到我的耳朵旁說了這麼一句：「有了智慧，才能學會更加圓融。」

沒錯！不經一事，不長一智。智慧常常是在無數的失敗與事與願違中累積的結果。**年齡漸長，智慧必須相對的成長，這樣才能提升自我，才不會讓自己永遠處於被挨打的分上。**但若是持續用平庸的眼界看待事物，將永遠無法預測危機，也就無法藉由每一次的失敗突破自我，那麼狀況只會不斷地重複發生，離成功的機率就會更遠，即使機會給得再多也只是浪費。

＊＊＊

另外，我也記住了 Queen 姐的勉勵，將這些突如其來的機會視為善緣，歡喜接受的同時，卻也做反向的準備，將其視為失敗的磨練，智慧的增長。如此一來，當機會真的落空時，也不會有那麼多的抱怨，畢竟，人生裡有許多的可能，總是不斷地在機會裡尋找、看見、錯過，又再次遇見，只要我們正其身，相信前方自有正道指引。

為青教戰攻略：

即使遇到再壞的人、再不如的事，倒不如心存感激，從每一次的危機及試煉裡增長智慧、拉高自己的層次，才能離成功更近。

◆ 安定的力量

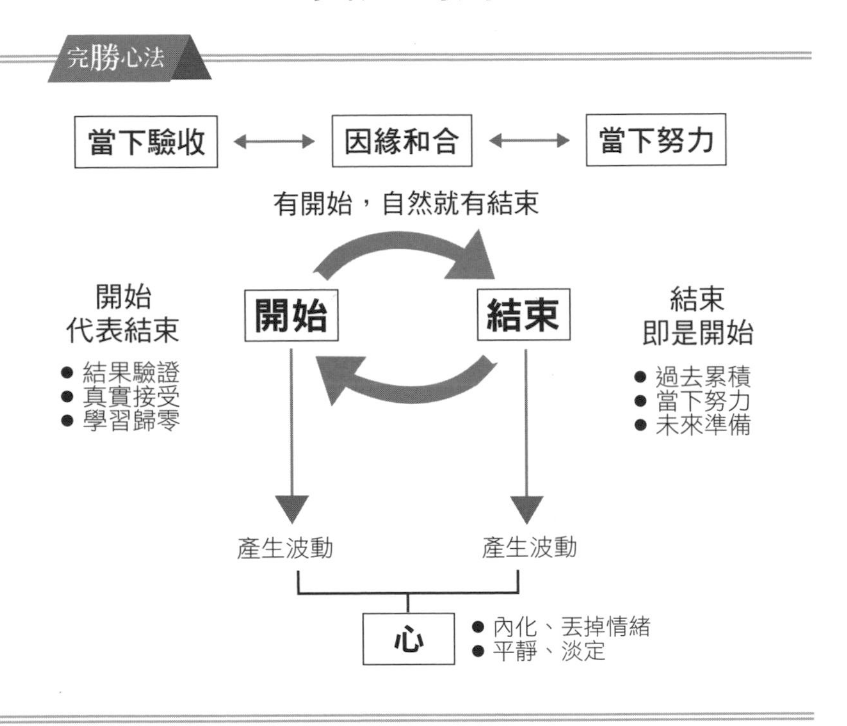

緣分的生成即是消滅，緣分消滅即是生成；生是結束的開始，死是生的希望。

開始的同時，也決定了結束

「因緣和合，有開始，必定也會有結束。」善姐笑著說：「開始，也已決定了結束的命運。」

善姐是我人生中重要的貴人之一，是一位優秀的經理人；同時，她也是我的心靈導師、佛學求知對象。我們時常一起討論佛學，並分享在生活、職場……的點點滴滴。今天，我們又聚在一起討論佛學思想。

「因緣和合……所以，是『緣分』決定事情的開始與結束囉！」我試著釐清脈絡。

「沒錯，生即生，滅即滅，每件事的起源即是開始，也終究會在放下那一刻，沉歸淨土。」善姐進一步跟我解釋生與滅的關係。「因緣和合，指的是這社會上每件事情的本質都有著各種條件，在條件發展中一同運行、互相影響，演化出事情的結果。所以，結果是好或壞，緣分的生成與帶動就十分重要。」

「那為什麼有很多時候，煩惱是不請自來？有時，甚至是別人挖洞給你跳？」對於生存在叢林般的職場生態，我想得到更多不同的見解。

「這就是修練啊！因緣很難說，畢竟緣分有好有壞，生即生，滅即滅，不論好緣壞緣，在我們接觸的當下就該放下。」善姐為今天的討論做了最後的總結。

這句話，一直到後來我才參透。其實，**當我們遇上人生的困境、大難題時，只要能想著，是命運的安排、是緣分讓我們遇上了，我們直接面對解決就對了。**想想以前，我總是繞一大圈，不斷地對事情的緣由鑽牛角尖，總想著「為什麼？」現在回頭看看才茅塞頓開，「哎呀！原來是這樣啊！我當時為什麼那麼執著呀？」

任何的開始，必定會有結束；而在開始時，也決定了結束時的結果。

未雨綢繆的事，我們很少做，多半我們都在努力的力挽狂瀾，擦自己、也擦別人的屁股。事情的「過程」，不過是等待結果必經的一個時間軸，歸咎於心態意念與準備好的功夫底子，在開始的這扇緣分來臨，開始的當下隨即結束，在結果揭曉的那一刻，結束也自然消滅。

＊＊＊

「善姐，恭喜您榮升特助呀！」公司人事公告一發出，我特意去恭喜善姐。

當天中午，我們利用午休時間，一起在公司附近吃午餐。

「哈！乖小孩，沒什麼好恭喜的，跟你說，這才是考驗的開始。」善姐摸了摸鬢角，「如果我沒準備好，那這晋升就是不好的緣了。所以，接下來才是真考驗。」

聽了善姐的話，再看看她幾撮白髮，我也替她擔心起來。

「所有的過程都是緣分帶來的，我理解您說的，面對接下來的任務或即將遇到的挑戰，無法預知會有什麼狀況發生，也不知是善緣是惡緣，會有糾結也是在所難免的。」

「所以啊，我也只能加倍努力，從現在開始，每天要投入更多的心血在工作上了。」

「唉！說真的，最近我也面臨許多在自我成長、人際互動上的糾結，有時還真想逃避；但人是群居的動物，我總不能離群索居吧！而且，不論是誰，每一個人都會歷經開始、結束，並在這反覆的過程裡做決定、判斷，誰都逃不掉。」說完，我咬了一口磚壓吐司，吐司裡的起司融化了，一個不小心，舌頭竟被燙了一下，果然應驗了：狀況總是無法預期的呀！

「糾結是一定的，這些也都是真考驗，無論如何都一定要積極面對與化解，逃避對事情一點幫助都沒有。」善姐一再對我耳提面命。

身處在變動的環境，常常會遇上不請自來的機緣；然而，善緣、惡緣都不會是當下發生，而是從平常就積累而成。糾結才是真考驗，也是化解的良好時機，儘管你此番逃避錯過，但只要結沒有打開，日後面對只會更加痛苦。

心，內外若安定，如同平靜的湖面，就不會因為一滴漣漪而泛起波濤。

開始、結束都是因緣下必然的一個脈絡，當面臨無可避免的關卡、情緒時，無論如何都得讓身心的內外保持穩定，保持安定的頻率與能量，才不致在亂世浮生當中，人云亦云，喪失自我；也能亦步亦趨的走好每一步。

為青教戰攻略：

遇事不糾結、不鑽牛角尖，以最快的速度面對解決，過程或許波動紛擾不斷，但都是必經之路。只要讓自己的心，內外都平靜、安穩，即使結果再不如預期，亦都能平心靜氣面對、理解，放下。

◆ 智者，不做困獸之鬥

完勝心法

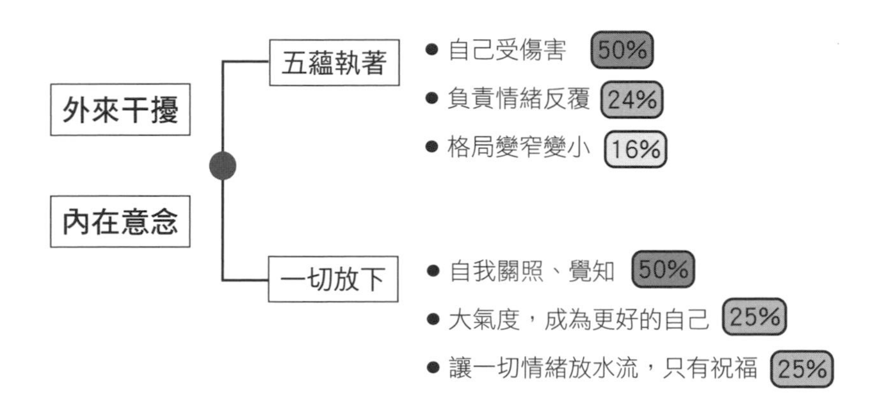

你了解自己嗎？時常在懊悔中反省？總埋怨現實不公嗎？

環境、人心半點都不由人！與其抗爭、抱怨或對現況不滿，不如從自我觀照做起，多培養一些覺知的力量，才不會容易的受外力影響而困住自己，也更能氣定神閒的品味人生百態。

意念能量的影響，超乎想像

五蘊即：「色、受、想、行、識」。

「色」指的是身體，代表對於環境的感受。透過每天的身處、往來互動，清晰感受外在的物質世界。

「受、想、行、識」則是經由感覺、判斷、言行、知覺，也就是精神上的調和。平時，我們可藉由五蘊的行使，塑造心內外的安定與平和。

生活中，我們常常會把一些抱怨、煩惱或不平，找身邊的朋友說一說，一旦苦水吐完了、垃圾倒掉了，感覺心情好像頓時也輕鬆不少，即使朋友根本沒能幫到什麼。

在朋友的關係裡，我也總是扮演著傾聽的角色，無論是朋友家裡那本難唸的經，還是夫妻吵架、同事相爭、職場霸凌、工作難處等等，哪怕有時可能它是毫無邏輯的垃圾話……我總是讓朋友盡情抒發、傾訴，永遠都是站在支持立場的這一方。

後來我才知道，無論是直接或間接透過朋友圈傳遞過來的負能量，長時間下來，對於一個人內在的感知、判斷，以及身心的調和有很大的影響，很容易造成身心失衡。

這說法是有根據的。在多年前，日本有位研究學者江本勝先生，他進行了一項「水結晶實驗」，在一系列的研究實驗中，包括讓水聽音樂、看文字、甚至對水發出或良善或邪念的訊息，長時間下來，水的結晶也是天壤之別。

實驗發現：當人對水發出帶有「善良、感恩、讚美」等美好的意念時，水結晶便會形成美麗的圖案；當人對水發出「仇恨、抱怨、痛苦」等負面的意念時，水結晶會呈現出離散醜陋的形狀。這項實驗説明人們的善念、惡念，會使結晶產生美與醜不同的結果。

瑞典一家居品牌，也在阿聯酋進行一項試驗：一邊的植物總是接受人們讚美，「好漂亮啊！」「好有活力啊！」；另一邊的植物則接受語言霸凌：「醜死了。」「為什麼還活著？」結果事實證明，連植物也執著於人們説的話語。遭受霸凌的植物，變得枯萎；受稱讚的植物，則生長得愈發茂盛。

以上種種，説明了外在的人、事、物，與內在的意念、自我感受，造就了一個人的情緒、行為；同時也體現了個人的人格與涵養。所以**若是你一再的放任身邊的朋友傳遞這些負能量，那麼可能你就會如同那遭受言語霸凌的植物；同樣的，也請約束自己，不要隨意的將負面情緒傳給身邊的朋友**，畢竟，己所不欲，勿施於人，意念對一個人的身心平衡影響是非常大的。

放下是對自己最大的慷慨

出了社會，也許你總是相信前人的經驗、指導，一定值得我們後輩學習。確實，大部分的商場前輩都是值得學習的，但，隨著我在職場愈久，歷練愈多時，我發現少部分的現況會與原本的想法不一樣，於是內心與現實的交戰便時常發生。

「人為財死，鳥為食亡」這句話，剛好能說明你無法掌握每個人背後真正的動機與做法。每當你恍然大悟時，往往已是對這個人的人格、品德大打折扣，大失所望。有時候，他們會為了利益而忘了初衷，跟隨風向球擺動，那誇張的程度還真會令人看了瞠目結舌。

當然，你也用不著指著前人一陣批評或漫罵，那就顯得你心胸窄、格局小，缺少那一丁點兒包容別人犯錯的能力。況且，當你用一手指著別人時，另外的三根手指同時也指著自己，不就淪為一般見識了嗎？

混世裡，不問世事，自我修行，拒絕渾渾噩噩過日；戀世裡，不用不捨，放下執著，拒絕離情依依。

世事總有著不完美！不論是久逢甘霖的即時雨，或是驚濤駭浪的暴風雨，一切都只是恰逢其時！時間每日刷新，不論發生什麼事，宇宙仍繼續運行，第二天太陽仍然從東方升起，所以，不要執著，放下吧！

人在出世、入世間行走，只須做自己的行者。有些人、有些事，看在眼裡就好，不需要時時想起，甚至讓它縈繞心頭，那只會讓自己更加心煩意亂。

就隨緣去吧！世事不一定分得清是非對錯；也不見得你想破頭、鑽牛角尖，問題就能迎刃而解。面對複雜或無解的人際關係，許多時候就讓時間去證明一切。

為青教戰攻略：

勿拿別人的錯誤或是情緒困擾自己，就讓時間帶走解不開的難題，放下吧！只要是問心無愧，自然能擁有一條光明的指引，同時，大氣非凡也能成就更強大的自己。

影響力 009

我在企業大老身邊學會的生存攻略：
職場這條路，咬著牙也要奮發向上爬

願我走過的血汗結晶，能助你職場發展少點腥風血雨。

作　　者　吳建興◎著
顧　　問　曾文旭
編輯統籌　陳逸祺
編輯總監　耿文國
主　　編　陳蕙芳
編　　輯　蘇麗娟
封面設計　吳若瑄
內文排版　吳若瑄
圖庫來源　Shutterstock.com
法律顧問　北辰著作權事務所

初　　版　2019年04月
出　　版　凱信企業集團-開企有限公司
電　　話　（02）2752-5618
傳　　真　（02）2752-5619
地　　址　106 台北市大安區忠孝東路四段250號11樓之1

定　　價　新台幣299元／港幣100元
產品內容　1書

總 經 銷　采舍國際有限公司
地　　址　235 新北市中和區中山路二段366巷10號3樓
電　　話　（02）8245-8786
傳　　真　（02）8245-8718

國家圖書館出版品預行編目資料

我在企業大老身邊學會的生存攻略 / 吳建興著.
-- 初版. -- 臺北市 : 開企, 2019.04
面；　公分
ISBN 978-986-97265-0-4(平裝)

1.職場成功法

494.35　　107022116

開企，

是一個開頭，它可以是一句美好的引言、
未完待續的逗點、享受美好後滿足的句點，
新鮮的體驗、大膽的冒險、嶄新的方向，
是一趟有你共同參與的奇妙旅程。